番茄病虫害诊断与防治图谱

编著者

王久兴　王艳侠　张兆辉

金盾出版社

内 容 提 要

本书以大量彩色照片配合文字辅助说明的方式,对番茄种植过程中常见的病虫害进行讲解。分别从症状、发生特点、形态特征和发生规律等几项内容,对侵染性病害、非侵染性病害和虫害3个方面进行分析,并根据受害特点,从多个角度介绍防治方法。本书通俗易懂,图文并茂,技术可操作性强,适合广大番茄种植户阅读,亦可供相关专业技术人员参考使用。

图书在版编目(CIP)数据

番茄病虫害诊断与防治图谱/王久兴,王艳侠,张兆辉编著.—北京:金盾出版社,2014.1(2018.1重印)
ISBN 978-7-5082-8757-7

Ⅰ.①番… Ⅱ.①王…②王…③张… Ⅲ.①番茄—病虫害防治—图谱 Ⅳ.①S436.412-64

中国版本图书馆 CIP 数据核字(2013)第 215539 号

金盾出版社出版、总发行

北京太平路5号(地铁万寿路站往南)
邮政编码:100036 电话:68214039 83219215
传真:68276683 网址:www.jdcbs.cn
北京军迪印刷有限责任公司印刷、装订
各地新华书店经销

开本:850×1168 1/32 印张:6 字数:85千字
2018年1月第1版第4次印刷
印数:15 001~18 000册 定价:25.00元
(凡购买金盾出版社的图书,如有缺页、
倒页、脱页者,本社发行部负责调换)

前　言

　　番茄是我国当前露地和设施的主栽蔬菜之一，病虫害种类远远多余其他茄科蔬菜，成因复杂，症状多样，难以确诊，防治困难。基层种植者或技术人员在没有病原鉴定或其他实验室分析手段的情况下，多凭借经验进行诊断和防治，导致诊断准确性低，防治效果差。

　　为此，应金盾出版社之邀，作者挑选了番茄最容易发生且危害严重的典型病虫害，加以详细阐述，形成本书。本书以大量症状照片为依托，从不同发病时期、不同发病部位、不同发病程度等多个角度描述症状，在着重描述典型症状的同时，也从生产实际出发，兼顾非典型症状。从理论的深度，阐述了各种病虫害的成因和发生规律，让有一定经验的一线人员在防治过程中既"知其然"又"知其所以然"。同时，从农业防治、生态防治、物理防治、药剂防治（含生物防治和化学防治）等多角度阐述了病虫害的防治方法，除通用方法外，还加入了作者在实践中通过调查、研究、总结所积累的大量资料，在防治用药方面，既给出了新农药，也列出了治病效果好且价格低廉的经典老药，对有的病害还给出了经验性药剂组合配方。

　　20 年多年来，作者从技术的角度，对蔬菜病虫害进行了广泛而深入的研究，整理的番茄病虫害至少包括侵染性病害 115 种，非侵染性病害 225 种，虫害 75 种，且随着时间的推移这一数字还在增加。但由于篇幅有限，本书不可能囊括所有病虫害并一一详述，只能秉承"种类少，内容精"的写作原则，抓住典型，做相对来讲比较详细的论述，让有基础的读者能通过阅读本书触类旁通，在短期内进一步提高诊治水平。

另外，欢迎需要进一步学习的读者访问我们的公益性网站——蔬菜病虫害防治网（www.scbch.com），也欢迎使用我们研制的诊病软件——智能蔬菜病虫害诊断与防治专家系统。

对于书中不当之处，真诚地欢迎同行专家批评指正。

本书文字、图片内容不得用于网站建设或进行网络传播，不得将本书制成电子书！

编著者

目　录

第一章　侵染性病害

一、真核菌类

（一）白　粉　病

【症　状】　叶面和茎上出现白粉状物（分生孢子梗及分生孢子）为本病病征。

1. 叶片　主要危害叶片。发病初期，叶面出现褪绿小点，然后扩大为近圆形病斑，其上有白色霉点，散生，正面病斑边缘常有不明显的黄绿色区域（图1-1）。后逐渐扩大成白色粉斑，并互相连合，白色粉状物是病菌的菌丝、分生孢子梗及分生饱子（图1-2）。起初粉层稀疏，后期逐渐加厚，严重时病斑扩大连片或整个叶面被白粉所覆盖，像被撒上一薄层面粉，故称白粉病，抹去白粉可见病部组织褪绿（图1-3）。发病后期病叶变褐并逐渐枯死。叶片背面症状与正面一样，也会出现粉斑并不断扩展（图1-4）。单叶叶脉处同样会形成粉斑并连片（图1-5）。喷药防治后，粉斑会消失，但在原来的位置会留下浅褐色斑痕（图1-6）。

图1-1　发病初期的白色霉点

1

图1-2 病斑扩大并连片

图1-3 白粉
基本布满叶片

图1-4 叶背症状

图 1-5　叶脉处分布

图 1-6　喷药后留下斑痕

2.茎　茎染病后会出现白色粉斑，逐渐连片，喷药后粉斑消失，病部变为浅褐色（图 1-7）。

图 1-7　病　茎

3．果实　果实染病，果面和萼片上会出现白粉状霉斑（图1-8）。

图1-8　果实萼片上出现白粉

4．植株　多是下部叶片先发病，逐渐向上部发展。病株上大部分叶片正反面都出现粉斑，并逐渐被白粉所覆盖（图1-9）。严重时导致叶片枯萎，植株死亡（图1-10）。

图1-9　植株大部分叶片染病

图1-10　病株干枯

【病 原】 引发白粉病的病菌有多种，各地不同。

1.*Oidium neolycopersici* Kiss.，新番茄粉孢，属子囊菌亚门真菌。分生孢子梗直立，简单不分枝，无色，多为 3 个细胞，长为 59.8～124.8 微米，宽 6～9.6 微米。脚胞圆柱形，有时略有弯曲，大小为 26.4～52.8 微米 ×6～9.6 微米。脚胞上通常有 1～2 个细胞。分生孢子椭圆形，无色，单生于分生孢子梗顶端，大小为 21.6～50.7 微米 ×13.0～24.7 微米。分生孢子侧面萌发，芽管有裂片状或直筒形，宽为 2.7～4.1 微米；附着胞乳突状或浅裂片状。分生孢子萌发的适宜温度范围为 20℃～25℃，最适相对湿度范围为 80%～100%，在水滴中不能萌发。对光照条件和酸碱度的要求不严格，在 pH3～12 时其萌发率均能达到 90% 以上。

2.*Leveillula taurica* (Lév.)Arn.，鞑靼内丝白粉菌（有性阶段）属子囊菌门的内丝白粉菌属真菌。无性态为 *Oidiopsis taurica* (Lév.) Salm.，半知菌亚门的拟粉孢菌或称作辣椒拟粉孢。分生孢子棍棒状或烛焰状，单个顶生于由气孔伸出的孢子梗顶端，无色，大小 40～80 微米 ×12～21 微米。闭囊壳埋生于菌丝中，近球形，直径 140～250 微米，附属丝丝状与菌丝交织，不规则分枝，内含子囊 10～40 个，子囊近卵形，大小 80～100 微米 ×35～40 微米，其中多含子囊孢子 2 个。

3.*Erysiphe cichoracearum* DC.=*E.cucurbitacearum*，二孢白粉菌，属于子囊菌亚门白粉菌目真菌。菌丝体生在叶的两面，薄而展生；分生孢子近柱形或桶形，19.1～27.9 微米 ×13.7～17.8 微米。子囊果聚生在叶背，暗褐色，扁球形，直径 82～140 微米，壁细胞不规则多角形，直径 6.3～20.3 微米。附属丝 14～25 根，一般不分枝，弯曲，有时强烈弯曲，长度为子囊果直径的 0.3～1.5 倍，长 35～135 微米，宽 6.3～10.2 微米，粗细不匀，壁薄，一般平滑，有时局部粗糙，有 0～4 个隔膜，褐色，有时下部褐色、上部近无色。子囊6~14个，长卵形或不规则形，常不对称，有长柄，大小为60.9~71.1微米×27.9~35.6微米。子囊孢子2个，卵形，17.8~20.3微米×12.7~15.2微米。

4. *Sphaerotheca fuliginea* (Schlecht)Poll., 瓜类单丝壳白粉菌，属子囊菌亚门真菌，异名 *S.cucurbitae* (jacz.) Z.Y.zhao。无性态，分生孢子梗不分枝，圆柱形或短棍棒形，无色，有2~4个隔膜，其上着生分生孢子。分生孢子椭圆形，无色，单胞，串生呈念珠状，大小为24~25微米×13~24微米。有性态，闭囊壳皆为扁球形，暗褐色，无孔口，直径为70~140微米，表面有菌丝状附属丝。单丝壳菌与二孢白粉菌两种菌的主要区别为闭囊壳内子囊数目和子囊内子囊孢子数目不同，二孢白粉菌闭囊壳内有多个子囊，每个子囊内含有2个子囊孢子；单丝壳菌闭囊壳内仅有1个子囊，子囊内含有8个子囊孢子。

5. *Oidium lycopersici* Cooke & Mass，番茄粉孢菌，半知菌亚门真菌。菌丝分布于表皮，不穿透叶肉组织。初生分生孢子形状不规则，基部略平，表面粗糙，有各种小突起，大小53.24~26.46微米×3.53~12.0微米。次生分生孢子棍棒状或柱形，无色，表面有各种条状纹饰，串生于分生孢子梗顶端，有少量单生，也有次生分生孢子着生在初生分生孢子上。次生孢子着生部位略有溢缩，基部平，大小27~51微米×13~20微米。分生孢子梗直立，不分枝，无色，多为2~4个隔，长为81~154微米。吸器为球形，色深，着生于顶部膨大略似马鞍状的附着胞上。闭囊壳埋生于菌丝中，近球形，内生子囊近10~14个，子囊近卵形，少数近球形，有明显的柄或无柄，其中多含子囊孢子2个，一般卵圆形或椭圆形。

【发病规律】

1. 侵染循环　在北方病菌主要在冬作茄科蔬菜上越冬，也可以闭囊壳随病残体于地面上越冬。开春条件适宜时,闭囊壳内散出的子囊孢子随气流传播蔓延,后又在病部产生分生孢子,分生孢子借气流或雨水传播落在寄主叶片上,分生孢子端部产生芽管和吸器从叶片表皮侵入,菌丝体附生在叶表面。分生孢子从萌发到侵入需 24 小时,每 3 天长出 3 ~ 5 根菌丝,5 天后在侵染处形成白色菌丝状病斑,经 7 天形成分生孢子,成熟的分生孢子脱落后通过气流飞散传播,进行再侵染。

2．发病条件　北方设施栽培时周年发生,露地栽培者 6 月中旬开始发病,7 月上中旬为发病高峰。常形成发病中心,再向四周扩散,病害蔓延很快。通常温暖潮湿的天气及环境有利于发展,尤其在温室或大棚等保护地栽培,病害发生普通而较严重。在 10℃ ~ 30℃ 范围内分生孢子都能萌发,而以 20℃ ~ 25℃ 为最适,超过 30℃ 或低于 10℃ 则很难萌发,且会失去生活力。病菌孢子耐旱力特强,在高温干燥天气亦可侵染致病。品种间抗性差异尚待调查。

【防治方法】

1．农业防治　选育抗白粉病品种,加强棚室温湿度管理。加强栽培管理,提高植株抗性。采收后及时清除病残体,减少越冬菌源。要防止棚室中湿度过低。提高植株自身生长势,抵抗病菌入侵,其方法是在水中加入 0.3% 的钾肥、1% 尿素或用其他植物生长调节剂叶面喷施。

2．药剂防治　发病前或发病初期选择喷洒下列药剂:2% 武夷菌素水剂 200 倍液,40% 多·硫悬浮剂 500 倍液,50% 硫磺悬浮剂 250 倍液,10% 世高水分散粒剂 3 000 倍液,75% 百菌清可湿性粉剂 600 倍液,75% 百菌清可湿性粉剂 500 倍液,50% 多菌灵可湿性粉剂 500 倍液,70% 甲基硫菌灵可湿性粉剂 1 000 倍液,40% 氟硅唑乳油 8 000 ~ 10 000 倍液,10% 苯醚甲环唑颗粒剂 2

000 倍液，40% 三唑酮·多菌灵可湿粉剂 1 500 倍液，50% 三唑酮硫磺悬浮剂 1 000 倍液，25% 抑霉唑乳油 1 000 倍液，25% 腈菌唑可湿性粉剂 3 000 倍液，25% 腈菌唑乳油 5 000 倍液，30% 氟菌唑可湿性粉剂 1 500 倍液，8% 宁南霉素水剂 2 000 倍液，62.25% 腈菌唑锰锌可湿性粉剂 600 倍液，12.5% 烯唑醇粉剂 2 000 倍液，5% 亚胺唑可湿性粉剂 800 倍液，每隔 7 ~ 15 天喷 1 次，连续 2 ~ 3 次。防治要点是早发现、早预防，喷药仔细、全面。

棚室栽培用烟雾法防病。定植前几天将棚室密闭，每 100 米^3 空间用硫磺粉 250 克、锯末 500 克，掺匀后分别装入小塑料袋，分放在棚室内，在晚上点燃熏一夜。发病初期于傍晚用 10% 多菌灵百菌清烟剂熏蒸，每次 1 千克 /667 米^2，或施用 45% 百菌清烟剂 0.25 千克 /667 米^2，用暗火点燃熏 1 夜。

（二）斑枯病

【别　名】　斑点病、白星病、鱼目斑病。

【症　状】　番茄斑枯病与细菌性斑疹病、细菌性疮痂病的发病症状相似，容易误诊。番茄斑枯病是番茄生长期遇多雨或温暖天气时发生的主要叶部病害。番茄各个生长阶段都可能发病，但主要发生在进入结果后期。主要危害番茄叶片，其次为茎、花萼、叶柄和果实。能引起 80% 的叶片脱落，极大降低了植株的光合作用。

1.叶片　通常是最下层接近地面的老叶先开始发病，以后逐渐蔓延到上部叶片，病斑主要分小型和大型两类，还有其他过渡型。

（1）小型病斑　抗病品种表现出小斑型。初发病时，叶片上出现褪绿小斑，斑点很小，通常针尖大小，直径一般小于 1 毫米，浅黄色，水浸状扩展（图 1-11）。之后，病斑变为深红棕色，下部叶片上出现密集的病斑，病斑较小，直到叶片干枯病斑也比较小（图 1-12）。偶尔小斑型中也会有比小斑稍大一点的中间类型，直径 2 毫米，中央浅褐色、灰白色至白色，边缘为褐色环，状似"鸟眼"，有少量或没有分生孢子。背面出现水浸状小的圆形和近圆形病斑，边缘深褐色，中央灰白色，凹陷，一般直径 2 毫米左右（图 1–13）。病斑的形成会导致叶色变黄（图 1–14）。

图 1–11　初期褪绿斑

图 1–12　小型病斑

图1-13 叶背圆斑

图1-14 病斑导致
叶片局部黄化

（2）大型病斑 感病品种上表现出大型病斑，通常在老叶上出现，初期叶片上的坏死斑点很小，一般是1～2毫米水浸状斑点，然后逐渐变成椭圆或圆形的直径2～5毫米的坏死斑，最后病斑边缘变为褐色，中央变成灰白色或浅褐色，其上散生很多分生孢子，大斑型是常见的一种类型（图1-15）。随病情发展，病斑逐渐增多并连片（图1-16）。叶背症状与正面类似（图1-17）。由于圆形病斑中心为浅褐色或灰白色，而且较大，人们形象地将其称作"鱼眼斑"或"鱼目斑"，后期叶面病斑略凹陷，隐约可见同心轮纹，其上密生小黑点（图1-18）。

图 1-15　较大的圆斑

图 1-16　病斑连片

图 1-17　叶背病斑

图1-18　叶背带有小黑点的病斑

2. 茎　茎上病斑圆形或椭圆形，直径1～2毫米，边缘深褐色，中央浅褐色，略凹陷，其上散生小黑点，前期病斑数量较少，之后逐渐增多（图1-19）。

图1-19　病茎初期症状

3. 果实　在开花结果期易发病，但果实很少受害。个别情况下果面出现凹陷的浅褐色圆斑（图1-20）。有时萼片上出现褐色点状斑，直径约1毫米，病斑多时会连片。

图 1-20 病果症状

4.幼苗 幼苗很少发病，个别情况下在子叶期发病，幼苗略显紫色，叶片上出现紫色小点（图 1-21）。后期逐渐扩大，在新发生的幼叶上出现褐色圆斑，与成龄真叶症状类似，病斑圆形，边缘深褐色，中央浅褐色，后期病斑上密生黑色小粒点（图 1-22）。

图 1-21 开始发病的幼苗

图1-22　幼叶上的病斑

5. 植株　田间发病植株生长受阻，叶片除出现病斑外，会变小并卷曲（图1-23）。发病严重时，叶片逐渐枯黄，植株早衰，造成早期落叶（图1-24）。

图1-23 叶片小而卷曲

图1-24　植株叶片干枯

【病　原】 *Septoria lycopersici* Speg．，称作番茄壳针孢，属半知菌亚门，球壳孢目，壳针孢属真菌。

番茄斑枯病菌在PDA培养基上的菌落为黑色秕粒状，致密，隆起，生长缓慢局限，少或无气生菌丝。分生孢子器，也就是病斑上的小黑点，球形或扁球形，黑色，孔口部色深，无乳突，初埋生于寄主表皮下，逐渐突破表皮外露，呈小黑点状，大小49～122.5微米×49～128.6微米，壳壁薄，较疏松，壁外常粘附部分菌丝体。叶斑上通常有很多的小黑点，而且有的小黑点还顶着一小块胶状物，小黑点是病菌的分生孢子器，顶着的那块胶状物，是它放出来的孢子角。分生孢子着生于扁球形的器底部，丛生，数量较大。成熟后，在分生孢子器的顶部形成1个孔口，孔口外壁较薄，直径7.5～57.5微米，分生孢子呈孢子角状由孔口逸出。分生孢子无色，丝状或针状，直或微弯，具3～9个隔膜，大小45～90微米×2.3～2.8微米，顶部较尖，基部钝圆，长度变幅很大，宽度一般稳定。分生孢子在52℃下经10分钟致死。

【发病规律】

1. 传播途径　番茄斑枯病的初侵染源一般为带有病株残体的土壤和肥料、带菌的种子、带菌多年生杂草，如酸浆、曼陀罗属及茄科作物。传播介体主要有昆虫、风雨、灌溉水和农事操作等。病菌在这些媒介上越冬，第2年病残体上产生的分生孢子是病害的初侵染来源，借助风雨近距离扩大侵染。老病区的病残体对第2年的发病起关键作用。分生孢子器吸水后从孔口涌出分生孢子团，分生孢子被雨水反溅到番茄植株上，所以接近地面的叶片首先发病。雨后或早晚露水未干前，在田间进行农事操作时可以通过手、衣服和农具等进行传播。分生孢子在湿润的寄主表皮上萌发后从气孔侵入，菌丝在寄主细胞间隙蔓延，以分枝的吸胞（吸器）穿入细胞内吸取养分，使组织细胞发生质壁分离而死亡，并沿着这些组织扩大。菌丝成熟后又产生新的分生孢子器，进而又形成新的分生孢子进行再次侵染，从分生孢子飞散到新的分生孢子形成只需半个月左右。

2. 发病条件　菌丝生长的适宜温度为22℃～26℃左右，最低15℃，最高28℃，若温度高于28℃，病菌则不能生长。病菌喜高湿度，适宜的空气相对湿度是92%～94%。由于分生孢子器必须有水滴才能释放分生孢子，所以雨水在传播上起很大作用。当气温上升到15℃以上时，田间开始发病。当温度25℃、相对湿度达到饱和时，病菌在4小时内就可侵入寄主，潜育期8～10天。在温度为20℃或25℃时，病斑发展快且易产生分生孢子器，而在15℃时，分生孢子器形成慢。影响病害流行的因素还有很多，温暖潮湿和阳光不足的阴天，有利于斑枯病的发生。当气温在15℃以上，遇阴雨天气，同时土壤缺肥时，植株生长势衰弱，抵御病害的能力减弱，病害容易流行。在高温干燥的情况下，病害的发展受到抑制。番茄不同品种抗病性有差异，野生品种类型抗病力较强，普通的栽培品种抗病力较差。高畦栽培植株根部不易积水，通气性好，温度低，能减少发病的机会，而平畦恰好相反，土壤积水，氧气缺乏，发病较重。斑枯病常在初夏发生，到果实采收的中后期蔓延很快。

【防治方法】

1. 农业防治 重病地与非茄科作物实行 3～4 年轮作，最好与豆科或禾本科作物轮作，可有效降低该病发生机率。有条件者可将发病严重地块土壤更换，防病效果亦较明显，但较费工。所换新土以稻田区土壤发病最轻。合理密植。采用深沟高畦栽培，避免过度密植，并及时去掉底部老叶，保持田间通风透光及适宜的土壤水分。番茄生育前期还应勤中耕松土，增强植株抗病能力并强壮植株。及早摘除染病器官，采收后，要彻底清除田间病株残余物和田边杂草，集中沤肥，经高温发酵和充分腐熟后方能施入田内。合理用肥，增施磷钾肥，增强植株抗性，喷施 1.4% 复硝钠水剂 8 000 倍液，可以提高抗病力。

2. 物理防治 温汤浸种，如种子带菌，先将种子晾晒 1～2 天之后，用 50℃ 温汤浸种 25 分钟，不断搅拌，防止种子沉底，温度降低时补充热水，到时间后加入凉水降温，然后捞出，甩干，催芽。试验证明利用该方法不仅简便易行，而且成本低廉。

3. 药剂防治

（1）苗床处理 在育苗时，可采用未种过茄科类菜的土壤育苗，可有效避免苗期感病。苗床喷施 1:1:200 倍的波尔多液，也可用 50% 甲基硫菌灵可湿性粉剂 1 000 倍液，每 667 米^{2}每次喷 100 升，连喷 2～3 次。

（2）喷雾 发病初期，可选用下列药剂喷雾：25% 咪鲜胺乳油 1 000 倍液，40% 嘧霉胺悬浮剂 1 000 倍液，65.5% 霜霉威水剂 600 倍液，72.2% 克露（疫菌净、威克、仙露、霜克）可湿性粉剂 600 倍液，10% 苯醚甲环唑水分散粒剂 800 倍液，25% 嘧菌脂 (阿米西达) 悬浮剂 1 000 倍液，3% 中生菌素可湿性粉剂 2 000 倍液，50% 扑海因 (异菌脲) 可湿性粉剂 1 000 倍液，40% 氟硅唑乳油 8 000 倍液，12.5% 烯唑醇可湿性粉剂 2 000 倍液等。每 5～7 天喷药 1 次。

（3）熏烟　用 45% 百菌清烟剂熏烟，每 667 米^{2}施 250 克。

（4）喷粉　可用 5% 百菌清粉尘剂喷粉，每 667 米^{2}施 1 千克。

（三）猝　倒　病

【症　状】　该病只在育苗初期发生，有时种子刚发芽或未出土幼苗即染病，腐烂在土壤中，造成缺苗。出苗后，在发病初期，幼苗的茎基部呈水浸状，然后缢缩，引起幼苗猝倒（图 1-25）。之后，病部失水，茎基部缢缩呈线状，幼苗枯死（图 1-26、图 1-27）。苗床育苗时，病菌传染，往往导致幼苗成片倒伏、死亡（图 1-28）。在潮湿的条件下，病害向四周扩展很快，病苗上或病苗附近的地面上长出白色丝状的菌丝体，似蛛网状。

图 1-25　基部缢缩

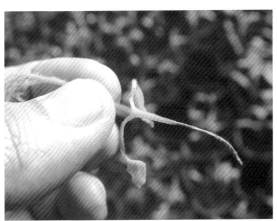

图1-26 基部呈线状

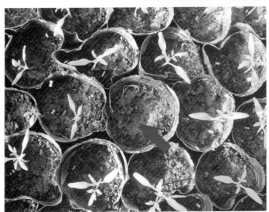

图1-27 营养钵中的幼苗倒伏

图1-28 苗床病苗成片死亡

19

【病 原】 引发番茄猝倒病的是鞭毛菌亚门，卵菌纲，霜霉目，腐霉属病菌（*Pythium* sp.）主要有终极腐霉、瓜果腐霉、刺腐霉、畸雌腐霉。

1.*Pythium ultimum* Trow，终极腐霉 在 CMA 培养基上菌落无特殊形状，在 PCA 上呈放射状，主菌丝宽 6.2 微米。菌丝膨大形成孢子囊，孢子囊球形或近球形，多间生，个别顶生，大小 22 微米。藏卵器球形，光滑多顶生，个别间生，大小 20～23 微米。雄器 1～3 个，多为 1 个，呈囊状弯曲，典型同丝生，无柄，紧挨藏卵器，少数异丝生，具柄，大小 9.2～12.3 微米×5.5～7.7 微米。卵孢子球形、大小 16～19 微米，内含贮物球、折光体各 1 个。菌丝生长适温 32℃，最高 36℃～40℃，最低 4℃。

2.*Pythium aphanidermatum*，瓜果腐霉 菌丝体生长繁茂，在 PDA 培养基上呈现白色棉絮状。病菌的菌丝体发达且多分枝，无色，无隔膜，直径 2.3～7.1 微米。孢囊梗分化不明显，菌丝与孢囊梗区别不明显。孢子囊着生于菌丝顶端或中间，与菌丝间有隔膜，有时为膨大的管状，有时是不规则裂片（瓣）状复合体，大小为 24～62.4 微米×4.9～14.9 微米。孢子囊成熟后其上产生 1 排孢管，排孢管逐渐伸长，顶端膨大成泡囊。泡囊球形，孢子囊中的原生质通过排孢管流入泡囊内，在其中分化形成 6～50 个或更多的游动孢子。游动孢子双鞭毛、肾形，在水中作短时游动后，鞭毛消失变成圆形的休眠孢子（静孢子），休眠孢子萌发产生芽管侵入寄主。有性阶段产生藏卵器，球形，直径 14.9～34.8 微米，藏卵器柄不弯向雄器。雄器袋状至宽棍状，同丝或异丝生，多为 1 个，大小 5.6～15.4 微米×7.4～10 微米。卵孢子球形，平滑，生于藏卵器内，不满器，直径 14～22 微米。病菌能营寄生生活，也可营腐生生活。病菌在 15℃～16℃时繁殖较快，在 30℃以上则生长繁殖受到抑制。

【发病规律】

1. 侵染循环　病菌腐生能力很强，可在土壤中长期存活。病菌以卵孢子在12～18厘米表土层越冬，特别喜富含有机质的土壤。翌春，遇有适宜条件，卵孢子萌发，产生游动孢子，或直接萌发长出芽管侵入寄主。此外，病菌也能以菌丝体在土壤中的病残体上越冬或在腐殖质中营腐生生活，翌年春天产生孢子囊，继而产生游动孢子侵入寄主。田间的再侵染主要靠病苗上产出孢子囊及游动孢子，借灌溉水、雨水溅附，带菌粪肥、农具，侵染贴近地面的茎。病菌侵入后，在皮层薄壁细胞中扩展，菌丝蔓延于细胞间或细胞内，病部的病菌又可不断地产生孢子囊，进行重复侵染，后期在病组织内产生卵孢子越冬。

2. 发病条件　猝倒病病菌生长最适温度为15℃左右，但发病的最适土温在10℃左右，低温对幼苗生长是不利的，但病菌尚能活动，有利于侵染。温度高于30℃病菌受到抑制。苗床低温高湿、日照不足是导致猝倒病发生的重要因素。若天气长期阴雨或下雪，苗床的通风透光和保温性能又不好，则苗床的温度过低，猝倒病发展极快，常引起成片死苗。光照不足，幼苗长势弱、纤细、徒长、抗病力下降，也易发病。苗床土壤高湿极易诱发此病。苗床的地下水位高、播种过密、间苗或分苗不及时、土壤贫瘠、黏重及浇水过多等均易造成苗床过于闷湿，从而导致该病的流行。浇水后积水窝或棚顶滴水处，往往最先形成发病中心。通风或覆盖物的揭盖不及时、管理方法不当，容易导致苗床温度的大幅度变化，也利于诱发猝倒病。植株在子叶的养分已经用光、根系发育尚不完全、幼茎尚未木质化时抗病性最差，此时幼苗营养供应紧张，真叶未抽出，碳水化合物不能迅速增加，抗病力最弱，是感病期。如果此时遇寒流或连续低温阴雨（雪）天气，苗床保温不好，地温低，幼苗光合作用弱，呼吸作用增强，消耗加大，致幼茎细胞伸长，细胞壁变薄，病菌乘机而入，就会突发此病。因此，该病主要在幼苗长出子叶期至1、2片真叶期发生，3片真叶后发病较少。

【防治方法】　应采用加强苗床管理为主，药剂防治为辅的综合防治措施。

1. 农业防治　苗床宜选择地势高燥、排灌方便、避风向阳、土质肥沃、疏松，且2～3年内未种过茄果类蔬菜的地块。若使用旧苗床或温室，必须进行土壤消毒或换无病菌的新土。苗床要整平、松细。肥料要充分腐熟，并撒施均匀。低温季节播种，浇足苗床底水，底水宜用温水，以利提高地温。播种不宜过密，播后盖土不要过厚，覆土后覆盖地膜保温。出苗前白天温度25～28℃，夜间不低于20℃，地温保持在16℃以上，注意提高地温，降低土壤湿度，防止出现10℃以下的低温和高湿环境。出苗后及时揭膜通气，尽量不浇水，必须浇水时一定选择晴天喷洒，切忌大水漫灌。适量放风，增强光照，促进幼苗健壮生长。育苗畦（床）及时放风、降湿，即使阴天也要适时适量放风排湿，严防徒长染病。在连阴雨天，光照不足时，可人工补充光照。低温寒潮天气注意夜间保温。

2. 物理防治　温汤浸种，将预浸后的种子置于52℃的热水中恒温烫种30分钟，并不断搅拌。

3. 药剂防治

（1）床土消毒　方法一，每平方米苗床用50%拌种双可湿性粉剂，或50%多菌灵可湿性粉剂，或25%甲霜灵可湿性粉剂，或50%福美双可湿性粉剂，或五代合剂（用五氯硝基苯、代森锌等量混合）8～10克，拌入10～15千克干细土配成药土，施药时先浇透底水，水渗下后，取1/3药土垫底，播种后用剩下的2/3药土覆盖在种子表面，这样"下铺上盖"，种子夹在药土中间，防效明显。在出苗前要保持苗床上层湿润，以免发生药害。方法二，每平方米苗床用 100 倍液的福尔马林（40% 甲醛）250 毫升喷洒，或每平方米苗床用绿亨 1 号 1 克，对水 3 升，均匀喷洒于床面，再用薄膜覆盖 5 ~ 7 天，然后揭膜翻床，2 周后播种。方法三，单用 30% 多·福（苗菌敌）可湿性粉剂，每平方米苗床用药 4 克，兑营养土 15 ~ 20 千克，撒于苗床。

（2）种子消毒　药剂浸种，先将种子预浸 3 ~ 4 小时，然后用 100 倍的福尔马林浸种 15 分钟，取出，用纱布盖好闷 2 ~ 3 小时，清洗干净，或用 25% 的瑞毒霉（甲霜灵）可湿性粉剂 800 ~ 1 000 倍液浸种 4 小时，冲洗干净后催芽，催芽不宜过长，以免降低种子发芽能力。药剂拌种，用种子重量 0.1% 的 50% 的多菌灵可湿性粉剂，或 70% 敌克松原粉，或 50% 的克菌丹（敌菌丹）可湿性粉剂，或 50% 的苯来特（苯菌灵）可湿性粉剂拌种，在拌种时种子和药剂必须干燥。

（3）喷雾　发现病苗立即拔除，并选择喷洒下列药剂：25% 甲霜灵（瑞毒霉）可湿性粉剂 800 倍液，15% 恶霉灵水剂 1 000 倍液，30% 恶霉灵（土菌消）水剂 600 倍液，72.2% 霜霉威盐酸盐（霜霉威）水剂 600 倍液，64% 杀毒矾（恶霜·锰锌）可湿性粉剂 500 倍液，70% 敌克松可湿性粉剂 800 倍液，40% 霜脲腈可湿性粉剂 1 000 倍液，75% 百菌清可湿性粉剂 600 倍液，19.8 恶霉·乙蒜素 1 500 倍液，70% 代森锰锌可湿性粉剂 500 倍液，40% 乙膦铝可湿性粉剂 200 倍液，70% 丙森锌可湿性粉剂 500 倍液，69% 安克·锰锌可湿性粉剂 1 000 倍液，72% 霜脲·锰锌可湿性粉剂 600 倍液，50% 多菌灵可湿性粉剂 600 倍液，58% 甲霜灵·锰锌可湿性粉剂 500 ~ 600 倍液，90% 疫霉灵（三乙膦酸铝）可湿性粉剂 500 倍液等。选用一种苗床喷雾即可。每平方米苗床用配好的药液 2 ~ 3 升，每 7 ~ 10 天喷 1 次，连喷 2 ~ 3 次。喷药时应注意喷洒幼苗嫩茎和发病中心附近的病土。严重病区可用上述药物对水 50 ~ 60 倍液，闷拌适量细土或细沙均匀撒施于苗床内。

也可混配药剂喷雾，常用配方为：72.2%霜霉威盐酸盐水剂600 倍液 +30% 瑞苗清（甲霜灵 + 恶霉灵）水剂 2 000 倍液。

（四）灰霉病

【症 状】 番茄灰霉病是设施栽培中的一种常见病害，特别是在冬春茬栽培过程中，由于棚室内低温、高湿，往往发病严重，造成减产 20% ~ 40%。

1. 叶片 主要发生在棚室中。

（1）"V"型病斑 这种病斑是灰霉病的标志性症状，叶片染病后，从叶尖端开始向内形成褐色"V"形病斑，边缘水浸状，并有深浅相间的轮纹，病斑表面生灰色霉层（图1-29）。潮湿时，病斑为浅褐色，其上有明显的灰色霉层，而轮纹不明显（图1-30）。在干燥环境下，病斑浅褐色，霉层和轮纹都不明显。

图 1-29 有轮纹的褐色"V"型斑

图1-30　浅褐色"V"型斑

（2）圆斑　有时从叶缘开始发病，呈弧形或"V"形向叶片内部扩展。适宜湿度下，病斑浅褐色至褐色，有明显的灰色霉层和轮纹（图1-31）。干燥环境下，病斑褐色，很难看到霉层。叶片内部也会发病，病斑浅褐色至褐色，边缘水浸状，具有同心轮纹，其上有灰色霉层（图1-32）。叶背症状与正面相似。

图1-31　叶缘病斑有灰色霉层

图 1-32 叶面的
同心轮纹斑

番茄主叶脉和叶柄容易受害，初期变褐，逐渐扩展，症状似晚疫病（图1-33）。后期长出致密的灰色霉层，导致叶片下垂（图1-34）。

图 1-33 初期主
叶脉上的褐斑

图 1-34 病斑着生致密灰霉

低温高湿环境下，在发病后期，整个病叶上形成大量灰霉，用手轻触，即会飞扬出大量病原孢子（图1-35）。整叶干枯。在较干燥的环境下，叶片上霉层不如潮湿环境下致密厚重，但后期叶片同样会逐渐干枯，挂在枝头（图1-36）。

图1-35 后期病叶上的致密霉层

图1-36 整叶干枯

2. 果实　果实发病，病菌主要通过自然伤口侵入。

（1）果实顶部发病　病果顶部软腐，病部果皮呈灰白色水浸状，病部无明显边缘，用手指摁压会感觉十分柔软，但果皮不破裂。之后以雌蕊基部为中心，灰色霉层逐渐增多增厚，并向四周扩展（图 1-37）。如果此时果顶涨裂，灰霉会沿着裂口生长，呈星形或弧形分布（图 1-38）。

图 1-37　果顶灰霉

图 1-38　裂口处形成弧形或块状霉层

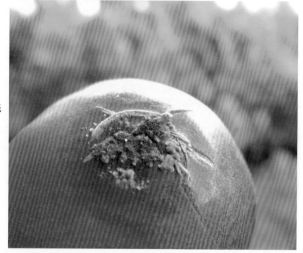

（2）果实基部发病　有时，症状呈现在萼片之间的果面处，初为浸润状暗绿褐色的不规则形斑痕，病区面积急速增大，并向果肉组织的深处渗透、溃烂、塌陷，果实从基部开始软腐，果皮一般不破裂，症状似软腐病。之后果蒂、萼片逐渐长出灰霉（图1-39）。在连续阴雨天气，常会出现大量从基部发病的病果（图1-40）。

图1-39　萼片着生灰霉

图1-40　阴雨天出现大量病果

（3）果实侧面发病　　发病初期，果实侧面出现褪绿斑，乳白色或浅绿色，圆形，逐渐扩展，内部软腐，后期病部果皮不规则开裂，在裂口上着生灰色霉层（图1-41）。继而整个病斑上附着灰霉（图1-42）。

图1-41　果实侧面软腐

图1-42　果实侧面病斑着生灰霉

土壤湿度突然提高，容易导致果实涨裂，在伤口处会着生大量灰霉，这种情况在高温多雨季节的露地栽培条件下发生较多，设施栽培时在冬季低温高湿的环境下也经常出现（图1-43）。

采收后发病。在采收后贮运阶段，如果所处环境低温高湿，管理不当，也会发生灰霉病。多从有裂口的果实开始发病，逐渐传染。病果霉层初为霜白色，第次渐变，灰白色乃至深鼠灰色，最后整个果实布满极其丰密而蓬松的毛霉状物，软腐溃烂（图1-44）。

图1-43　樱桃番茄涨裂果着生灰霉

图1-44　果面布满灰霉

3. 茎　茎部的症状特点是多在节部发病，病部有灰霉。

（1）褐色梭形斑　在比较干燥的环境下，发病初期，在节的位置形成近圆形或椭圆形斑，逐渐沿茎延伸，形成梭形，边缘深褐色，中间浅褐色，没有明显霉层或霉层比较少（图1-45）。

在高湿环境下，病菌多在整枝、打杈、摘叶、摘果形成的伤口处侵染，形成褐色病斑，并带有明显霉层（图1-46）。

图1-45　茎上的梭形褐斑

31

图1-46 伤口染病

（2）软腐　病斑沿茎延伸，逐渐扩大，组织软腐，伴有浅黄色至琥珀色透明胶状物渗出，并着生逐渐增厚的致密灰霉（图1-47）。后期，病斑逐渐绕茎一周，茎组织干枯腐烂，导致病部以上植株叶片黄化萎蔫（图1-48）。

图1-47 着生致密灰霉

图1-48 茎组织死亡

（3）茎基部　灰霉病也会导致茎基部受害，土壤中的病菌直接侵染番茄的茎基部，最初呈水渍状病斑，然后向周围扩大，形成浅褐色凹陷病斑，茎缢缩，其上着生稀疏的灰色霉层，严重时病斑扩展绕茎 1 周，引起番茄茎基部腐烂，全株死亡（图1-49、图 1-50）。诊断时，注意与茎溃疡病、茎基腐病相区分。

图 1-49　茎基部发病

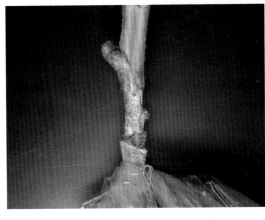

图 1-50　病部缢缩长有灰霉

4. 花　花器受害，花瓣、萼片、花梗上会长出灰色霉层，导致落花，严重影响产量。病菌侵染花瓣，多是死亡的花瓣组织长出淡灰褐色的霉层，引起落花和烂花（图 1-51）。侵染幼果，导致果实顶部发病，引发落果（图 1-52）。

图1-51 花器染病导致落花

图1-52 残花发病引发果实病害

5. 植株 茎受害部位以上的植株逐渐萎蔫，严重时整个植株变黄、干枯（图1-53、图1-54）。

图1-53 顶部萎蔫

34

图1-54　整株干枯

【病　原】*Botuytis cinerea* Pers.，称作灰葡萄孢菌，属于半知菌亚门，葡萄孢属真菌。有性态为*Botryotinia fuckeliana* (de Bary) Whetzel，称作富氏葡萄孢盘菌。

子座埋生在寄主组织内，分生孢子梗从表皮长出，细长，数根丛生，直立，深褐色，具隔膜6～16个，梗大小880～2 340微米×11～22微米。主梗基部常稍肿大，球或槌形。分枝少，简单或树枝状分枝，多在主梗的3/5～4/5高度处具1～2次分枝。初期出现近直角式凸起芽，伸长，分枝基部稍缢缩且产生1隔膜与主梗区分。新生的分枝与小梗初色淡，顶端渐细，但当发育成熟时，小梗顶先缢缩然后端部膨大，似球状，且在其球体周缘生众多疣或指形的微突起，微突起顶端产生分生孢子。分生孢子在膨大的分生孢子梗小梗顶端簇生，酷似葡萄穗状。分生孢子椭球形、长椭球形至长卵形，少数为拟球形，基点具脐形的脱落小突起。单胞，大小5～12.5微米×3～9.5微米。淡烟褐色或无色，聚集成堆时呈灰色。病菌能形成菌核，由菌丝组成，形状不规则，大小1～4毫米×1～7毫米，多产生于寄主表皮层下面。

【发病规律】

1. 侵染循环　在寒冷地区病菌主要以菌核遗留在土壤中越

冬，在温暖地区，病菌以菌丝体、分生孢子梗、分生孢子随病残体遗落在土中越夏或越冬。翌年，这些菌体成为最初侵染源。该菌为弱寄生菌，可在有机物上营腐生生活。分生孢子抗旱力强，在自然条件下能存活138天。分生孢子在田间主要借风、雨传播，农事操作也可传播，在温、湿度条件适宜时很快萌发，由伤口或直接穿透寄主表皮侵入。病菌在田间再侵染十分频繁，主要侵染途径有：从因农事操作、机械损伤引起的伤口侵入；底部叶片受肥害后，从叶边缘感染病菌；带菌花粉散落于叶片致使病菌侵入；茎部伤口；土壤中越冬或残存的病菌从茎基部侵入；病菌从残留花瓣处侵入；病菌从未脱落的柱头处侵入；枯死的花瓣、叶片粘贴于果面，致使病菌从果面侵入。其中，灰霉病菌侵染果实从残留的花瓣处侵染的情况最多，占88%以上，其次为从柱头侵入。

2. 发病条件　偏低的温度和高湿是发病的必要条件。虽然产生分生孢子与孢子萌发的适温为21℃～23℃，最高32℃，最低4℃。而最适宜的发病温度比孢子产生的最适宜温度要低，为10℃～15℃。对湿度要求严格，空气相对湿度达90%时开始发病，高湿维持时间长，发病严重。弱光有利于发病。

因此，此病多于冬春低温季节或于寒流期间在棚室内发生。春季气温回升慢，经常发生"倒春寒"，气温在逐渐上升过程中突然又降低，且阴、雨、雾天多，棚室内湿度高，番茄灰霉病发生严重。

重茬栽培有利于灰霉病发生和传播。番茄是高产、高效作物，重茬现象普遍，加之病原菌寄主广泛，侵染种类多，生产中茄果类、瓜类等可感染灰霉病的蔬菜作物常常连片种植，使田间病菌基数增多，加重发病。

生产操作不当也会增加发病机率。如浇水不科学、放风不及时，造成室内湿度过高引起发病；蘸花时将病株上病菌传给健康植株；植株病残体不经深埋或焚烧，乱丢乱放，造成重复侵染。

病原菌的抗药性也是该病发生、蔓延的原因之一。灰霉病菌极易产生抗性，致使药效下降，增加发病机会。

对于春季温室番茄，从叶片角度讲，表现出明显的始发期、盛发期和末发期 3 个阶段：定植后 3 月初至 4 月上旬是叶部灰霉病的始发期，病情较平稳；4 月上旬至 4 月下旬是叶部灰霉病的上升期，病害扩展迅速；4 月下旬至 5 月下旬进入发病高峰期，但年度间有差异。

病果发生期多出现在定植后 20～25 天，3 月底第 1 穗果开始发病，4 月中旬至 5 月初进入盛发期，以后随温度升高，放风量加大，病情扩展缓慢；第 2 穗果多在 4 月上旬末开始发病，4 月底至 5 月初进入发病高峰；第 3 穗果在第 2 穗果发病后 15 天开始发病，病果增至 5 月初期开始下降。

【防治方法】

1. 农业防治

（1）选用良种　选用抗病良种。大红色硬果番茄比粉红果对灰霉病抗性强，如以色列 189、百利等。应用高抗灰霉病品种是防治的基础。

（2）培育壮苗　育苗应选用无病新床土，最好是多年未种过番茄的葱、蒜或粮食作物土壤，不要在病区棚室取土育苗或分苗，以防幼苗感染病菌。

（3）清洁田园　定植前要清除棚室内残茬及枯枝败叶，减少菌源，然后深耕翻地。染病组织可造成再次传播，发病前期及时摘除病叶、病花、病果和下部黄叶、老叶，轻摘轻拿，带到棚室外深埋或烧毁，切不可乱丢乱放，保持棚室清洁，清洁田园是减少初侵染和再侵染的关键。在田间操作时要注意区分健株与病株，以防人为传播病菌。

（4）合理密植　根据具体情况和品种形态特性，确定栽培密度，大棚早熟推荐垄作、地膜覆盖、单穴定植，每667米²栽植4 000 ～ 5 000株，株距30 ～ 35厘米。防止植株过密而徒长，影响通风透光，降低抗性。

（5）控制湿度　露地种植番茄，若田间已有灰霉病株出现，要控制浇水量。如果不是必须，此时不宜浇水；若确需浇水，应尽量在上午进行，且水量要小，防止大水漫灌而增高湿度。大棚种植，若棚内出现灰霉病株，首要措施是停止浇水，增大通风量，降低湿度，然后再辅助其他措施。控制湿度的基本尺度是，空气相对湿度保持在70%以下，最好在45% ～ 65%范围之内。平时水分管理时，要避免漫灌，适当控制浇水。冬季必须浇水时，时间最好在晴天早晨进行，且水量要小。另外，在畦沟里铺一层干稻草，不仅可缓释地表水，而且能缓和作物生长层气温变化，减少因高湿大温差所造成的结露，并有吸潮作用。阴雨天气来临前禁忌灌水，以防棚内湿度过高。

（6）去除残留花瓣和柱头　病菌对果实的初侵染部位主要为残留花瓣及柱头处，然后再向果蒂部及果脐部扩展，最后扩展到果实的其他部位。因此，应在番茄蘸花后7 ～ 15天（幼果直径在1厘米左右）摘除幼果残留花瓣及柱头。具体操作方法是：用一只手的食指和拇指捏住番茄的果柄，另一只手轻微用力即可摘除残留的花瓣和柱头。

（7）合理施肥　增施磷、钾肥，忌偏施氮肥，施用以腐熟农家肥为主的基肥。

2. 生态防治　10℃ ～ 15℃的低温，结露时间长，通风不及时，相对湿度在90%以上，阴雨（雪）天光照不足，是灰霉病发生蔓延的重要因素。

（1）变温排湿　　设施通风是一重要环节，通风可以调节温度和湿度，避免长时间出现适宜灰霉菌大量繁殖的条件，应适时放风排湿，保持棚内相对湿度在70%以下。经验表明，只要叶片表面没有水膜，不仅仅是灰霉病，其他许多病害的发生机会也会大大降低。另外，31℃以上的温度可减缓灰葡萄孢菌孢子的萌发速度，因此增温降湿是管理的原则。适宜的方法是，在晴天上午日出后，温度开始升高时要及时通风，排出湿气，避免叶面长时间结露，通风后关闭通风口，直至上午稍晚时候，使棚内温度迅速升高至33℃再放风。当棚温降至25℃以上，中午仍继续放风，下午棚温要求保持在25℃～30℃，适当延长放风时间，降低设施内的空气湿度，当棚温降到20℃再关闭通风口，以减缓夜间棚温下降，夜间棚温保持在15℃～17℃。如果是单单为了预防灰霉病，有条件者，夜间特别是下半夜适当增温，避免植株叶面结露，但这种提高夜间温度的方法不利于提高产量。

（2）高温闷棚　　发病严重时，配合药剂防治，还可用保持棚室内气温36℃～38℃闷棚2小时的方法抑制病情发展。另外，利用夏季休闲期间，进行设施消毒，消灭病原菌。7～8月份高温季节密闭大棚15～20天，利用太阳能，使棚内温度达到50℃～60℃，最高达到70℃，进行高温闷棚消毒，利用高温杀灭残留菌源。

（3）阴天通风　　阴雨天低温、高湿时，要按时通风，只要不引起棚温骤降一定通风，通风时间可以短一些，一般根据天气和温度状况在中午通风1～3小时，降低空气湿度。

3.药剂防治

（1）设施消毒　　定植前每100米³空间用硫磺0.25千克与锯末0.5千克混合后分几堆点燃，密闭大棚，熏蒸一夜。硫磺熏蒸对温室骨架，尤其是钢管或钢筋骨架有腐蚀作用，因此，此法要权衡利弊后慎用。

（2）苗期防病　如果选用旧床土育苗，必须进行床土消毒，可用65%甲霜灵可湿性粉剂400倍液，或50%多菌灵可湿性粉剂500倍液喷洒床土表面，同时喷洒育苗棚室内的棚膜、地面、墙壁等。育苗过程中，控制好温湿度，发现幼苗感病要及时喷药。定植前用65%甲霜灵可湿性粉剂500倍液，或50%速克灵可湿性粉剂1000倍液，或50%多菌灵可湿性粉剂600倍液喷1次，确保用无病苗定植。

（3）蘸花带药　第1穗果开花时，在配好的防落素溶液中加入药液重量0.1%比例的50%多菌灵可湿性粉剂，或50%扑海因可湿性粉剂，或50%速克灵可湿性粉剂，使花器着药，预防病菌从残花处感染果实。

（4）成株期喷雾　发病初期，可选择喷洒下列药剂：2%丙烷脒（恩泽霉）水剂1000倍液，50%烟酰胺水分散粒剂1500倍液，40%嘧霉胺悬浮剂1000倍液，20%恶咪唑可湿性粉剂2000倍液，25%啶菌恶唑乳油2500倍液，2%武夷霉素水剂150倍液等，50%异菌脲可湿性粉剂1000倍液，50%福美双可湿性粉剂600倍液，50%多菌灵可湿性粉剂500倍液，70%代森锰锌可湿性粉剂500倍液，70%甲基硫菌灵可湿性粉剂800倍液，50%速克灵可湿性粉剂1000倍液，50%乙烯菌核利可湿性粉剂1000倍液，50%农利灵可湿性粉剂1000倍液，50%腐霉利可湿性粉剂1000倍液，40%聚砹·嘧霉啶悬浮剂1000倍液，65%万霉灵可湿性粉剂800倍液，45%特克多悬浮剂3000倍液，50%扑海因可湿性粉剂1500倍液，60%防霉宝超微粉600倍液，40%多·硫悬浮剂600倍液，65%抗霉威可湿性粉剂1000倍液。每隔7天左右喷1次，连喷3～4次。由于灰霉病菌易产生抗药性，应尽量减少用药量和施药次数。必须用药时，要注意轮换或交替及混合施用。

（5）熏烟喷粉 保护地栽培时，可用3%特克多烟雾剂，45%百菌清烟雾剂，10%速克灵烟雾剂熏烟，每667米^2 250克熏烟。也可用5%百菌清粉尘剂或10%速克灵粉尘剂喷粉，每667米^2 1千克。无论是熏烟还是喷粉，都要在傍晚施药后，密闭棚室1夜。各种药剂要轮换使用。

对于灰霉病，特别强调不良天气下的综合管理。阴天之前要预防。灰霉病是低温、高湿性病害，阴雨（雪）天气来临前禁灌水，以免湿度过大，要根据天气预报，喷洒保护性防病药剂，如70%甲基硫菌灵可湿性粉剂1 000倍液或50%多菌灵可湿性粉剂600倍液等。阴雨天期间，低温、高湿、弱光，结露时间长，切忌喷药，防止湿度增高，可用烟剂熏蒸，连续2～3次。阴天过后，选择喷洒50%速克灵可湿性粉1 500倍液，50%多菌灵可湿性粉600倍液，50%农利灵可湿性粉剂1 000倍液，根据发病轻重连续喷2～4次，交替复配用药。

（五）茎基腐病

【症 状】 番茄茎基腐病主要危害大苗和定植后不久的植株，有时也危害已经进入结果期的植株。主要侵染茎基部，有时会延及地下主、侧根。

1. 茎 幼苗定植过深或茎基部渍水、培土过高，以及生长于不利的环境条件下易发生此病。病菌自茎基部直接侵入。

（1）茎基部外观 发病初期，茎基部皮层外部无明显病变，之后皮层逐渐出现淡褐色、暗褐色至黑褐色不规则形斑（图1-55）。而后病斑绕茎基部一圈，并向下扩展，延伸到根部，皮层变褐腐烂，病部失水干缩（图1-56）。发病后期在病部表面常形成黑褐色、大小不一的菌核，湿度高时也会产生灰白色绒状霉，严重时造成植株萎蔫死亡或从病部折断。

图1-55 皮层腐烂

图1-56 病斑绕茎一周

（2）茎基部内部 病菌从茎基部侵入，茎基部的伤口在高湿度下，容易感染除本病病菌以外的细菌，导致内部软腐。一般情况下，病菌会向茎基或根扩展，纵剖病茎基部，可见内部组织变褐腐烂（图1-57）。据作者观察，茎基部发病部位以上茎段的维管束变褐，这可能是丝核菌或其他病菌从伤口侵染维管束造成的，由于维管束病变，会阻碍水分和养分的运输（图1-58）。同时发现，茎基部以下包括主根纵切后进行观察，根内部及根系不腐烂，其维管束多数不变褐，颜色是正常的。后期病部表面可能形成黑褐色大小不一的菌核。

图 1-57　茎内部变褐

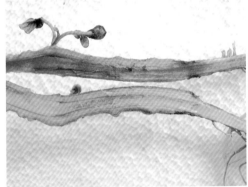

图 1-58　维管束变褐

2. 叶片　靠近茎基部的叶片由于养分水分供应不足，从叶缘开始变黄、干枯，也有的直接萎蔫，但枯死的叶片多残留在枝上不脱落（图 1-59、图 1-60）。病情通常由下而上发展。需要注意的是，叶片的症状是由于输导组织受害间接引发的，不是直接受到病菌侵害引起的。

图 1-59　下部叶片叶缘干枯

43

图 1-60　后期叶片干枯

3. 植株　茎基部病斑致使皮层腐烂，养分供应受阻，导致地上部叶片由下而上变黄干枯，严重时果实膨大后植株逐渐因养分供应不足萎蔫枯死（图 1-61、图 1-62）。还有一种情况，受害植株地上部分叶片逐渐变黄，但没有病斑，中午萎蔫，早晚恢复正常，连续数日，最后整株死亡。

图 1-61　田间受害株

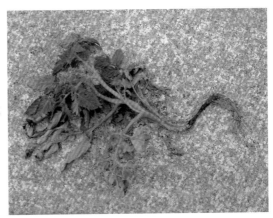

图 1-62 病部茎基部
缢缩下部叶黄化

【病　原】 *Rhizoctonia solani* Kühn，称作立枯丝核菌，属半知菌亚门，丝孢纲，无孢目，丝核菌属真菌。茎基腐病和立枯病是同一种病原菌，在小苗期发病称为立枯病。该菌不产生孢子，主要以菌丝体的形式传播与蔓延。有性阶段称丝核薄膜革菌，但不多见。

在 PDA 培养基上菌落初无色或呈乳白色，呈放射状扩展，随培养时间延长，菌落颜色逐渐变深至浅黄色。菌丝初无色透明，老熟后渐为褐色，直径 5 ～ 7 微米。分枝发达，多呈直角分枝，分枝基部呈缢缩状，离分枝不远处形成隔膜。老熟菌丝黄褐色。后期，菌丝彼此交织纠集形成菌核，大小 2.3 毫米 ×1.5 毫米。幼嫩菌核呈白色疏松绒球状，老熟菌核呈茶褐色、褐色或黑褐色，球形、长粒状或不规则形，似萝卜籽，表面粗糙，内外颜色一致，结构疏松，具海绵状孔。菌核外层为死细胞群，内层为活细胞群，内外层比例决定着菌核在水中的浮沉性。

有研究表明，病菌菌丝在 2℃ ～ 32℃温度范围内均可生长，适宜范围为 20℃ ～ 25℃，最适为 20℃，在 2℃ 和 32℃ 下生长极其缓慢，15℃ ～ 25℃ 下，病菌菌丝较为致密，其他温度下菌丝较为稀疏。菌丝致死温度为 50℃、10 分钟。菌核产生数量以 15℃

产生量最多。

【发病规律】

1. 侵染循环　在我国北方，病菌以菌丝体和菌核在土中越冬，腐生性强，可在土中腐生生存 2～3 年。在南方常年种植茄果类蔬菜的地区，无明显的越冬现象。露地栽培时，菌核在翌春条件适宜时萌发，产出菌丝侵染幼苗，导致番茄大苗或结果初期植株发病。病菌借助水流、农具传播蔓延。目前尚未见过种子带菌的相关报道。

2. 发病条件　病菌菌丝体发育适温 24℃，最高为 40℃～42℃，最低为 13℃～15℃。茎基腐病与空气湿度关系不大，但土壤湿度直接影响发病轻重程度，土壤特别是表层土壤湿度大，在多阴雨天气，地面过湿，通风透光不良，茎基部皮层受伤等情况下，该病发生严重。偏施氮肥，施用未腐熟的有机肥，大水漫灌等均易引起该病发生与流行。病菌在土壤中的存活能力强，如果不进行土壤消毒，容易连年发病。

【防治方法】

1. 农业防治

（1）轮作地　与非茄科作物实行 3 年以上轮作。

（2）选用抗病品种　常见的抗病品种有毛粉 802、大红 1 号等。

（3）培育壮苗　选择地势干燥，平坦地块育苗。采用营养钵育苗，选用棚外大田土壤配制育苗营养土，适时播种。加强苗床管理，避免出现高温高湿现象，床温控制在 30℃ 以内，及时通风除湿，避免高温高湿现象出现。苗期可喷施 0.2% 磷酸二氢钾或 0.1% 氯化钙等，提高幼苗的抗病力。同时要注意炼苗，防止幼苗拥挤，防止苗龄过长根系活力下降造成缓苗时间过长。定植时要注意剔除病苗。

（4）提早扣棚　　秋季大棚栽培，番茄定植前 10 ~ 15 天，选择晴朗无风天气扣棚，要敞开风口，在大棚内进行施肥、翻地、起垄等农事操作。提早扣棚主要是为了防止秋雨对大棚土壤和定植后植株的影响以及绵绵秋雨使番茄延迟定植，上市推迟。

（5）施足底肥　　番茄生长期需要肥沃、疏松的土壤。因此，应施用腐熟有机肥作底肥，增施磷、钾肥。一般冬春茬温室番茄施肥标准为：每 667 米^2 施充分腐熟鸡粪 3 ~ 4 米^3，磷酸二铵 80 ~ 100 千克，腐熟有机肥 5 000 千克，以改良土壤，增加通透性，避免全施化肥，造成土壤板结，否则不利于番茄根系的发育，影响植株生长。减少速效氮肥的施用量，偏施氮肥极易引起植株徒长，综合抗性降低。

（6）科学浇水　　采取大小行、小高垄方式种植，南北向起垄，垄高 20 厘米，大垄距 80 厘米，小垄距 40 厘米，在较近的两垄上覆盖 1 幅 1.3 米宽的地膜。定植后顺地膜小垄沟浇透水，切勿大水漫灌。如天气不好，也可先开穴点水稳苗，待天晴后再从小沟浇水，以防降低土壤温度和提高棚内空气湿度，这样尤其能降低植株根茎处的土壤湿度，防止病害侵染。平时适量灌水，勤通风，避免大水漫灌，最好采用滴灌方式，在浇完缓苗水后，如墒情允许，第 1 穗果实膨大时再浇水。个别植株发病时，要防止因浇水出现迅速蔓延造成大面积危害。

（7）适度浅植　　定植深度以高出育苗钵 1 厘米左右为宜。切勿定植过深或培土过高，植株在缓苗期内茎基部土壤湿度偏高，会使植株生长处于不利的生态环境，诱发茎基腐病。

另外，还要加强田间管理，雨后及时排除积水，及时清除病株集中烧毁。

2. 物理防治　　结合化学防治进行高温消毒，方法是，在整地之前，清除棚内残株及杂草，结合施肥，每 667 米^2 施 20% 多菌灵可湿性粉剂 3 千克和 50% 敌克松可湿性粉剂 1 千克，深翻土壤 30 厘米以上，然后在番茄定植前 5～7 天，闷棚烤棚，棚内温度可达 60℃以上，足以杀死有机肥中和翻松土壤表层的病菌。

3. 生态防治　番茄定植后加强通风管理，棚温白天保持在 20℃～25℃，晚上闭棚后降到 15℃～17℃，阴雨天在保证温度的情况下也要通风排湿。

有经验表明，该病在高温条件下发病严重。因此，温室秋冬茬番茄定植后，因正处于高温时期，可及时用旧棚膜遮荫，白天温度最好控制在 25℃～28℃，尽量不要超过 30℃。覆盖地膜后，不要将两边压实，在地温过高的情况下可将地膜两边揭起，防止膜下热气伤害植株根系，加重病情。

4. 生物防治　使用生物菌肥，在定植时穴施富含芽孢杆菌、放线菌菌肥，每穴施用量为 25 克。施用菌肥的地块茎基腐病发病率明显低于未施地块，说明芽孢杆菌与放线菌对病菌有抑制作用，同时放线菌能促进根系生长，增强植株的抗病性。

5. 化学防治

（1）种子消毒　虽然还没有种子携带该种病菌的报道，但为确保万无一失，仍要进行种子消毒。将种子在清水中浸泡 3～4 小时后，移入 0.5%～1% 硫酸铜或 0.1% 高锰酸钾溶液中浸泡 5 分钟，捞出后清水冲洗干净，可催芽播种。或用种子重量 0.2% 的 40% 拌种双粉剂拌种。

（2）苗床土壤消毒　育苗期苗床换新土，或进行消毒，可用甲醛：高锰酸钾 =2:1 对土壤消毒。也可在育苗时，用 40% 五氯硝基苯粉剂与 50% 福美双可湿性粉剂按 1:1 混合，每 8 克混合后的药剂加细土 4 千克，拌匀，撒施于 1 米^2 的苗床上，先取 1/3 药土撒于畦面上，播种后再覆盖余下的 2/3 药土。

（3）栽培田土壤消毒　定植时在定植穴中施药土，药土是由 40% 五氯硝基苯粉剂和 50% 福美双可湿性粉剂混拌适量细土而成，可预防病害发生。

（4）培药土 成株期发病时，可在发病初期用药，选用 40% 拌种双可湿性粉剂，或 40% 立枯净可湿性粉剂，每平方米表土施药 9 克，与土拌匀后，施于病株茎基部，把病部埋上促其在病斑上方长出不定根，可延长寿命，争取一定的产量。

（5）涂抹 用 40% 立枯净可湿性粉剂 100 倍液，或 40% 五氯硝基苯粉剂 200 倍液，或 50% 福美双可湿性粉剂 200 倍液，并加入 0.1% 青油，涂抹在发病茎基部，涂茎前最好用小刀将病斑刮去。

（6）喷雾 发病时选用 75% 百菌清可湿性粉剂 600 倍液，40% 拌种双悬浮剂 800 倍液，20% 甲基立枯灵乳油 1 200 倍液，50% 福美双可湿性粉剂 500 倍液等药剂喷雾。

（7）灌根 用营养钵为容器育苗，在定植前用甲基立枯磷、五氯硝基苯、霜霉威＋福美双灌根，然后带土定植，防治效果好。

（六）晚 疫 病

【症 状】 各地普遍发生，危害严重。番茄幼苗、叶片、茎和果实均可发病，以叶片和处于绿熟期的果实受害最重。

1. 叶片 病叶症状的典型特征是形成大型病斑，病斑上有白色粉状或霜状霉层，而不是棉絮状霉层。

成株期多从植株下部叶片开始发病，叶片表面出现水浸状淡绿色病斑，逐渐向褐色演变，空气湿度高时，病斑边缘产生稀疏的白色粉状霉层，并有不明显轮纹（图 1-63、图 1-64）。

图 1-63 初期的淡绿色病斑

49

图 1-64　病斑上出现白霉

　　病菌多从叶缘、叶尖开始侵染，形成"V"型或弧形灰绿色病斑。因环境不同，病斑边缘清晰度和霉层致密程度有差异，在高湿条件下，通常生有白色霉层，病健部分界不明显；干燥环境下，霉层不明显，甚至肉眼看不到，但病健部分解明显（图 1-65）。有时，也从叶面中部开始发病（图 1-66）。

图 1-65　叶缘发病形成的"V"形斑

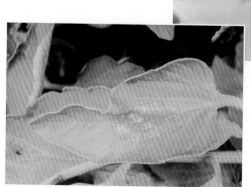

图 1-66　叶中心发病

50

病菌可能从不同部位同时侵染，形成多个病斑，逐渐扩展连片（图1-67）。后期叶片干枯。在适宜环境下，病害会迅速蔓延，成片发病，最后叶片上病斑连接、融合，导致叶片干枯（图1-68）。

图1-67　病斑逐渐扩大连片

图1-68　后期病叶干枯

　　病叶背面的病斑与正面病斑类似，也是灰绿色，但边界不明显，高湿环境下表面分布白色粉状霉。后期病斑逐渐变为浅褐色至褐色，病部叶肉组织坏死（图1-69）。

　　在叶柄和各级叶脉上出现褐色斑，条状，边界明显或不明显，潮湿环境下病斑上着生白色霉层。病斑会向周边发展，导致小裂片染病，叶片凋萎（图1-70）。

图 1-69　叶背初期症状

图 1-70　病斑延伸扩展

2.茎　干燥环境下，病斑呈暗绿色至褐色，条状、块状或不规则形，略凹陷（图 1-71）。病斑逐渐扩大，后期变为黑褐色，湿度较高时，其上会长出白色粉状或霜状霉层，后期霉层会变得明显而致密（图 1-72）。

图 1-71　块状褐斑

图 1-72 病斑
上的致密霉层

3. 果实 主要是绿熟果（青果）发病，成熟变红的果实也会
被侵染。病果症状特点是形成大型褐色斑，但不腐烂，能保持果形。

初期，果实侧面或靠近果柄的果肩位置发病，出现开始暗绿色、
灰绿色之后变为褐色的，油浸状扩展的云纹状病斑，边缘不明显，
不变软，每个果实通常只有 1 个病斑（图 1-73）。后病斑逐渐扩
大，呈近圆形，表面粗糙，局部凹陷。病斑有时有不规则形云纹，
随病情发展，病斑变为暗褐色至棕褐色，边缘比较明显，微凹陷（图
1-74）。后期，整个果实几乎完全变褐，但果实质地坚硬，仍能
保持果形，并不软腐。

图 1-73 初期病果

图 1−74　病斑扩大

　　在潮湿条件下，病斑长有少量白霉，有时呈同心轮纹状分布，但此时病斑仍不会软腐（图 1−75、图 1−76）。白霉通常稀疏而短，个别时候才会形成较长的霉状物。

图 1−75　病斑上
的白色霉层

图 1−76　同心轮纹状白霉

病果内部。切开病果，可见靠近病斑的果皮和胎座组织会变为褐色。

4. 花　本病病菌会侵染花蕾、花托、萼片和花梗，导致花器凋枯或落花（图1-77、图1-78）。

图1-77　花梗发病症状

图1-78　病菌侵染导致落花

5. 植株　发病后期，植株中下部叶片干枯凋萎，病情成片发生，蔓延迅速，严重影响产量（图1-79、图1-80）。

图1-79　大量叶片发病

图1-80 植株凋萎

【病原】 *Phytophthora infestans* (Montagne) de Bary，称作致病疫霉，属色藻界，卵菌门，鞭毛菌亚门，霜霉目，疫霉属病菌。

菌丝体初无色透明，后变为褐色，丝状，无隔膜，直径4～10微米，寄生于寄主组织内。孢囊梗无色，宽10微米，长1毫米，常有分枝或3～5根成丛，每隔一段着生孢子囊处具膨大的节，由寄主气孔、病果伤口或皮孔长出。孢囊梗顶端膨大形成孢子囊，孢子囊顶生，被后长出的孢囊梗推向侧位，卵形、圆形至柠檬形，有乳状突起，另端有小柄，易脱落，大小20～45微米×16～23微米，萌发时生1～16个游动孢子或直接产生芽管。游动孢子肾脏形，具鞭毛2根，失去鞭毛后变成休止孢子，萌发出芽管，芽管的顶端产生附着胞。附着胞球形或椭圆形，深褐色，壁厚，直径8～12微米，紧贴在寄主体上产生侵入丝，侵入到寄主体内。在土壤中主要是薄壁圆孢子和厚垣孢子，孢子囊居少数。薄壁圆孢子无色，直径18～24微米，由孢子囊浓缩和孢壁变圆形成的。厚垣孢子圆形，壁厚。在田间病叶上可找到卵孢子。

【发病规律】

1. **侵染循环** 由于番茄晚疫病菌在自然情况下不能腐生，在我国目前很难见到产生卵孢子的情况，有时可以厚垣孢子在落入

56

土中的病残体越冬，极少数可以在种子或死的藤本植物中越冬。

在我国南方，病菌主要以菌丝在田间或染病的番茄活体内越冬。在北方则主要在染病的保护地的番茄病株上越冬，露地栽培时病菌以菌丝体随病残组织在土壤中度过寄主中断期。

病菌孢子囊通过风雨或气流传播，特别是雨水，可把孢子囊从地面溅到番茄植株上，从气孔或表皮直接侵入，引起发病，在田间形成中心病株。在适宜的条件下萌发产生游动孢子，游动孢子休止后又萌发长出芽管侵入叶片或从茎的伤口、皮孔侵入，条件适宜时经 3～4 天潜育期便发病。菌丝在番茄器官组织细胞间扩展，依靠丝状吸器从细胞中获取营养，产生大量新的孢子囊，传播后可进行频频的再侵染。伴随雨季到来，病情发展十分迅速。

2. 发病条件　温暖潮湿的环境条件极有利于病菌的繁殖。病菌生长发育适宜温度 7℃～30℃，最适 20℃～23℃，孢子囊形成的最适温度为 18℃～22℃。湿度超过 75% 有利于发病，最适相对湿度 95% 以上。孢子囊产生游动孢子的适温为 10℃～13℃，游动孢子容易在叶面有水膜时侵染，游动孢子萌发最适温度 12℃～15℃。

晚疫病的流行要求多雨、潮湿、雾重、露多，温度波动较大，昼夜温差大，早晚冷凉（约 10℃～13℃），白天较温暖（约 22～24℃）的环境，这样的条件适于孢子囊的萌发、侵染、菌丝生长和产生新的孢子囊。降雨的早晚和雨日的多少，以及雨量的大小和持续的时间，均直接影响到病害发生的程度，有时一场大雨之后，会在某一地区大面积同时发病，个体种植的农户，家家发病，诊断者往往感到很疑惑。

栽培因素也影响发病程度。

土质黏重、地势低洼、排水不良、土壤瘠瘦易诱发此病。

病原物大量积累。晚疫病每年都有不同程度的发生，许多田块收获后田间残留病残组织清理不及时、不彻底，加之设施栽培难以轮作倒茬，造成田间病原菌累积，为病害的初侵染提供了大量菌源。

栽植密度过大。大棚番茄投入较高，为片面追求产量，常常栽植密度过大，使枝叶交错，田间阴蔽，通风透光差，为晚疫病的滋生蔓延创造了有利条件。

湿度过高。高湿是引起该病流行的主要原因。大水漫灌或灌水次数太多，会造成设施内长期湿度过高，形成适宜于晚疫病发生的环境条件。

通风不及时。比如，秋冬茬番茄早期温度高，如不及时通风，容易造成高温烧苗，降低对晚疫病的抵抗能力，使病菌乘虚而入。另外，遇到阴雨天气，不通风或通风很小，使棚内湿度高，会引发晚疫病的发生。

偏施氮肥。由于过多使用氮肥，使枝叶茂密而幼嫩，细胞壁薄，保护组织疏松，抗病性能降低，容易遭受晚疫病菌的侵入，易引起大面积流行。

【防治方法】

1. 农业防治

（1）选用抗病品种　从生产中的表现来看，大部分番茄品种对晚疫病抗性较弱。相比而言，抗病性较高的有普罗旺斯、欧盾、粉达、冬粉 3 号、博玉 368、百利、L－402、中蔬 4 号、中蔬 5 号、中杂 4 号、圆红、渝红 2 号、强丰、佳粉 15 号、佳粉 17 号等。在具体选择时要结合当地实际，择优选用。

（2）实行轮作　晚疫病菌可在土壤中存活 2～3 年。实行 3 年以上轮作倒茬，可有效降低田间菌源量，减轻病害发生几率，比如可以与十字花科蔬菜轮作。

（3）科学育苗　病菌主要在土壤或病残体中越冬，因此，育苗土必须严格选用没有种植过茄科作物的土壤。提倡用营养钵、营养袋、穴盘等培育无病壮苗，并尽可能远离马铃薯种植田。

（4）合理施肥　番茄是喜钾作物，同时，氮肥施用量过多可导致霉菌速生，诱发大规模的病害发生。因此，要控制氮肥施用量，增施磷钾肥，重施腐熟的优质有机肥。在底肥上应以充分腐熟、无病虫、无杂草种子的优质有机肥为主，配合施用化肥。一般 667 米^2 基施硫酸钾 50 千克，磷酸二铵 80 千克。生长期每次追肥用磷酸二铵和尿素各 5～6 千克。

（5）合理密植　一般大架品种窄行 40 厘米，宽行 80 厘米，株距 28～33 厘米；小架品种窄行 40 厘米，宽行 60 厘米，株距 25～28 厘米。

（6）清洁田园　定植之前，认真清除残茬、枯枝败叶及病残体，可降低病原菌群体数量，然后深翻晒垡，直接杀死土壤中的病原菌。晚疫病零星发生时，趁喷洒药液后叶面未干时，可将病叶、病果轻轻剪下，摘除时可用塑料袋罩住病残体，装入袋内，以防止病菌飞散造成再次侵染，然后带出棚外集中烧毁，减少菌源。叶面干燥时摘除病叶，会加剧分生孢子囊的传播和再侵染。发病严重时可以大量摘除中上部发病叶片，降低菌源量，进行化学防治。

（7）注意排水　大田种植，雨量的大小和持续时间的长短直接关系到晚疫病害发展的程度。因此，要高畦栽培、四沟配套（厢沟、腰沟、围沟、排水沟），雨后及时排水，避免田间积水。

2．生态防治　因为晚疫病游动孢子的形成和萌发的最适宜温度只有十几度，因此，有人认为晚疫病实际上属于低温高湿病害，因此应严格控制棚内湿度，防止适宜温湿度环境出现。适当控制浇水，实行滴灌或膜下暗灌技术，不要大水漫灌，浇水应选在晴天上午进行，浇后要及时放风排湿，阴雨天也不例外，降低棚内湿度，尽量减少叶片表面结露量和缩短结露时间，避免叶面出现水膜，空气相对湿度要控制在 70% 以下，抑制病菌滋生。掌握好棚内温度，晴天白天以 25℃～28℃ 为宜，上午温度上升到 28℃～30℃ 时开始放风或遮阴，通过提高温度降低空气相对湿度，当温度降到 20℃ 时应及时关闭通风口，这样夜间可以保持较高温度，以 15℃～17℃ 为宜，冬季低于 10℃ 就要开始加温。

3. 药剂防治

（1）土壤处理　大棚蔬菜轮作倒茬有一定困难，在无法倒茬的情况下，可对土壤进行药剂处理。具体方法是：番茄收获后彻底清除田间病残体，用 40% 三乙膦酸铝可湿性粉剂 200～300 倍液对全田、立柱、塑料薄膜等进行全方位喷雾消毒，然后进行翻耕。发病严重的田块，定植前再处理 1 次。

（2）喷雾　田间出现发病中心时，可选择喷洒下列药剂：52.5% 抑快净水分散粒剂 2 000 倍液，72% 克露可湿性粉剂 600 倍液，58% 甲霜灵·锰锌（成分：10% 的甲霜灵 +48% 的代森锰锌）可湿性粉剂 600 倍液，52.5% 恶唑菌酮·霜脲水分散粒剂 2 500 倍液，69% 烯酰吗啉可湿性粉剂 800 倍液，47% 春雷氧氯铜可湿性粉剂 800 倍液，50% 锰锌·烯酰（霉克特）可湿性粉剂 600 倍液，50% 嘧菌酯水分散粒剂 2 000 倍液等。一般每 7 天喷药 1 次，连续防治 2～3 次。在晚疫病发生比较重的设施，有人为了控制病害扩展蔓延，常常 3～5 天喷 1 次药，由于喷药次数增多，棚内湿度持续过大，这反而非常有利于病害的发生流行。要注意轮换用药，避免长期单一使用同一农药，防止产生抗性。喷药要均匀周到，棚内喷药操作不便，容易漏喷漏防，未喷上药的植株上的病菌孢子会传播到其他植株上，引起再次发病。对于水分散粒剂要进行二次稀释，不要直接加入喷雾器，否则药剂不能充分溶解，影响药效。选择药剂时要注意，不要用多菌灵、甲基托布津等防治半知菌类真菌病害的药剂来防治晚疫病，否则效果很差并贻误防治时机。

配方：35% 锰锌·霜脲（新露灵）悬浮剂 800 倍液 +0.0016% 芸薹素内酯水剂 1 500 倍液；65% 代森锌可湿性粉剂 600 倍液 +5% 亚胺唑（霉能灵）可湿性粉剂 800 倍液 +2% 春雷霉素（加收米）水剂 500 倍液；53% 金雷多米尔·锰锌水分散粒剂 500 倍液 +30% 苯甲·丙环唑（爱苗）乳油 6 000 倍液 +88% 水合霉素（盐酸土霉素）可溶性粉剂 500 倍液；50% 锰锌·烯酰（霉克特）可湿性粉剂 800 倍液 +25% 咪鲜胺乳油 1 500 倍液 +20% 噻菌铜悬浮液 600 倍液；10% 多氧霉素可溶性粉剂 1 000 倍液 +5% 亚胺唑可湿性粉剂 600 倍液 +2% 春雷霉素（加收米）水剂 300 倍液；38% 恶霜嘧铜菌酯（成分：30% 恶霜灵 +8% 嘧铜菌酯）可湿性粉剂 800 倍液 +10% 氰·霜唑悬浮剂 2 000 倍液。3 天用药 1 次，连用 2 ～ 3 次，即可有效治疗。药剂混配要合理，有人 1 次喷药，杀虫剂、杀菌剂、生长调节剂、叶面肥都混在一起，因药液浓度过大，造成药害。

（3）熏烟　设施栽培时，还可以使用 45% 百菌清烟雾剂，每 667 米² 施 250 克，傍晚封闭棚室，将药分放于 5 ～ 7 个燃放点，点燃后烟熏过夜。棚内湿度较大时不要频繁喷洒液体农药，而要在第 1 次喷洒药液后间隔 2 ～ 3 天进行 1 次百菌清烟雾剂熏蒸，有条件的用烟雾机施药防治 1 次，再视病情进行喷雾防治。

（4）喷粉　喷撒 5% 百菌清粉剂，每 667 米² 施 1 千克，施药时间及闭棚要求与烟熏法相同，每 7 ～ 8 天用 1 次药，最好与喷雾防治交替进行。

二、原核生物类

（一）细菌性疮痂病

【症状】植株的果实、茎、叶都可能染病。

1. 果实　发病初期，果面出现圆形小斑，直径约 1 毫米，稍隆起，表皮开裂（图1-81）。之后，病斑稍扩大，并变为深褐色，表面木栓化，呈疮痂状（图1-82）。再后来，病斑增多，逐渐连片，抑制果实发育，导致果实略显畸形（图1-83）。对于接近红熟期的果实，在病斑周围，通常可以看到黄色晕圈（图1-84）。后期，由于果实会继续生长，而连片的木栓化表皮不会再扩展，因此病斑容易轻度开裂。在诊断时，注意与番茄细菌性溃疡病的鸟眼状病斑相区分。

图1-81 发病初期的小圆斑

图1-82 深褐色圆形疮痂斑

图1-83　病斑逐渐增多并连片

图1-84　病斑周围有黄色晕圈

2. 叶片　叶部症状多样。

（1）褐色小型圆斑　这类症状主要在空气湿度较低的温室内或露地栽培环境下发生，病斑略小，初期在叶面上零星出现，直径1毫米左右，褐色。之后病斑略扩展约1～2毫米，褐色，周围有黄色晕圈（图1-85）。叶背病斑稍凸起，呈疮痂状。后期病斑增多，连片，导致叶色偏黄（图1-86）。

图1-85　带黄晕的褐色小圆斑

图1-86　叶背病斑连片叶色偏黄

（2）褐色大型条斑　在高湿度环境下，病菌从叶缘的气孔或水孔侵染，导致叶缘变褐坏死，并逐渐向内发展，形成大型条斑（图1-87、图1-88）。

图1-87　褐色条斑

图 1-88 大量叶片发病

3．茎　染病部位出现浅褐色不规则病斑，大小不一，有时病斑呈条状（图 1-89）。后期病部木栓化，病斑近圆形，边缘褐色，内部浅褐色，有时导致茎纵裂（图 1-90）。本病茎外部症状与细菌性溃疡病类似。茎内部正常，维管束不变褐。

图 1-89　发病初期茎部症状

图 1-90　茎部病斑

【病　原】*Xanthomonas campestris* pv.*vesicatoria*（Doidge）Dye，野油菜黄单胞杆菌属辣椒斑点致病变种（简称Xcv）。

菌体短杆状，两端钝圆，大小为1.0～1.5微米×0.6～0.7微米。单生极鞭毛，能游动。菌体排列成链状，有荚膜、无芽胞。30%KOH反应阳性，革兰氏染色阴性，好气。在YDC平板培养基上，菌落呈圆形，凸起，黄色，黏稠；在CKTM选择性培养基上的Xcv菌落比在YDC平板培养基上的要小一些，但是黄色菌落周围有一圈清晰的菌环。病菌发育温度范围5℃～40℃，最适温度27℃～30℃，致死温度为59℃10分钟。

【发病规律】

1. 传播途径　疮痂病是种传病害，种子带菌率很高。病原菌主要在种子表面越冬，成为翌年病害发生的初侵染源，同时也可以借带菌种子作远距离传播。如果田间发病，病原菌可以随病株残体在田间越冬。病原菌也可以在杂草、土壤和灌溉水中越冬。当病原菌积累足够的量并且温度、湿度等条件适宜时，便开始侵染，并逐渐扩大。病原菌具有多种传播途径，可以通过种子、无症状幼苗或成株、植株残体以及杂草等载体传播，通过气孔、伤口或水孔侵染植株地上的所有部位，在叶片上潜育期为3～6天，果实上5～6天。病原菌及植株病部溢出的菌脓不能破坏完整的植物组织，但是可以从寄主植物的自然开口如气孔、排水孔、皮孔和蜜腺侵入，也可以从伤口处侵入，在细胞间隙进行繁殖发育，使表皮细胞层增高，所以病斑边缘常稍隆起。又由于寄主细胞被分解，造成空穴而凹陷，空穴中充满了细菌，溢出以后成为菌脓。将发病组织的病健交界处纵向切开，显微镜下可以观察到大量细菌菌体从切口处快速溢出，简称细菌的菌溢现象。在潮湿情况下，病斑上产生的灰白色菌脓随着风、雨水飞溅、农事操作及昆虫活动等在田间进行辗转作近距离传播，进行多次再侵染。

2.发病条件 该病多发于昼夜温度都较高且高温高湿的环境下，因为这样的环境有利于病菌的传播。大风、大雨、大雾、结露容易造成田间病害大流行。所以，疮痂病多发生于 7～8 月份，尤其在暴风雨过后，容易形成发病高峰，只要田间最初有 10% 的植株发病，其菌量就足够使整块田发病。

雨水、露水及灌溉水传播。暴风雨过后，植株伤口增加，发病叶片上的细菌菌体随着雨水飞溅传播到其他叶片，通过气孔侵入。也可以随着雨水和灌溉水的流动在田间传播。另外，在大雾结露的情况下，空气湿度足够大，也为病原菌的传播提供了良好的外部环境。

农事操作传播。种植过密，生长过旺，未及时整枝就进行农事操作，造成植株间叶片的频繁接触摩擦而产生伤口，会促进病菌侵染。操作人员在发病田块活动携带病菌后，有可能将病菌传播到本田块或其他田块。翻地等使用的一些农具也可以传播病菌，在多发田块，土壤中积累了大量病菌，农事操作后，未对农具消毒，病原菌便随着农具被带到了相对健康的田块。病原菌可以随病株残体在土壤中长时间存活，虽然有的农户将感病植株清除，但是将其堆积在田地周围，病原菌仍可以随着雨水冲刷传播并残存在土壤中。

昆虫传播病原菌可黏附在昆虫上，昆虫进行取食等活动时进行传播。

【防治方法】

1.农业防治 选用无病种子进行种植，从无病株或无病果上选留生产用种。

实行轮作，与非茄科蔬菜轮作 2～3 年，结合深耕，促使病残体腐烂分解，加速细菌死亡。加强发病植株病残体的田间管理，将病株和杂草及时清除到田块外烧毁，而非堆积在田块边，避免雨水和灌溉水冲刷后的再次污染。

采取高畦栽培、膜下灌水等方法，避免植株底部叶片与水直接接触，减少雨水和灌溉水飞溅的传播。雨季注意排水，防止积水，降低空气湿度。种植密度要合适，及时整枝，避免种植过密及生长过旺使枝条和叶片频繁摩擦产生物理伤口，防止细菌通过伤口传播。

大雨过后和大雾结露时避免进行农事操作，防止细菌在高温高湿的环境中快速繁殖和传播。农田露水下去后再进行农事操作，操作完毕要对农事操作人员的衣服、鞋子和农具等进行清洗消毒，防止将病原菌带入无病田块。在播种操作前用乙醇或聚乙烯吡酮磺洗手也能在一定程度上减轻该病害的发生。

定植以后注意中耕松土，促进根系发育，雨后注意排水。

2.物理防治　温汤浸种，播种前，先在55℃温水中浸种15分钟，再将种子移入冷水中冷却，然后催芽、播种。

3.药剂防治

（1）土壤消毒　使用石灰氮对土壤进行消毒，覆盖地膜，同时高温闷棚，杀死土壤中的病原菌。

（2）种子消毒　播种前先把种子在清水中预浸10～12小时后，再用1%硫酸铜溶液浸5分钟，捞出后用少量草木灰或生石灰中和酸性，即可播种。也可用0.1%高锰酸钾溶液浸种15分钟，清水清洗后催芽播种。

（3）田间喷雾　番茄疮痂病一旦发生并开始流行，便无法有效地进行控制。这是因为，病原菌具有多个种和小种，细菌群体容易产生抗药性。到目前为止，还没有发现真正起治疗作用的化学药品。病原菌群体对铜不很敏感，细菌质粒也具有抗铜性，因此，使用铜制剂治疗效果不很理想。在化学药剂防治时，要做到发病初期和降雨后及时喷洒农药，可以选择如下药剂之一喷雾：

72%农用链霉素可溶性粉剂 4 000 倍液，2%多抗霉素水剂 800 倍液，78%波·锰锌可湿性粉剂 500 倍液，42% 三氯异氰尿酸可溶性粉剂 3 000 倍液，50%氯溴异氰尿酸可溶性粉剂 1 200 倍液，25% 噻枯唑可湿性粉剂 500 倍液，60% 琥铜·乙铝·锌可湿性粉剂 500 倍液，30% 氧氯化铜悬浮剂 600 倍液，20% 噻菌铜悬浮剂 600 倍液，14%络氨铜水剂 300 倍液，27%铜高尚悬浮剂 600 倍液，20% 噻唑锌悬浮剂 400 倍液。每 7 天喷 1 次，连喷 3 ~ 4 次。

也可使用药剂配方：2% 春雷霉素水剂 500 倍液 +47%春雷氧氯铜可湿性粉剂 1 000 液；2% 春雷霉素水剂 500 倍液 +52.8%氢氧化铜 2 000 倍液；88% 水合霉素水剂 500 倍液 +20% 噻菌铜悬浮液 500 倍液；2% 春雷霉素水剂 500 倍液 +80%% 代森锰锌可湿性粉剂 600 倍液；3% 中生菌素可湿性粉剂 1 000 倍液 +20% 甲基硫菌灵可湿性粉剂 600 倍液。重点喷洒病株基部及地表，每 7 天喷 1 次，连喷 3 ~ 4 次。

（二）细菌性青枯病

【别　名】　细菌性枯萎病，简称青枯病。

【症　状】　青枯病是一种在番茄生长中后期的常见病害，露地栽培者多在 5 月份果实开始膨大时发病。属于维管束细菌性土传病害，病菌主要侵染植株茎部的维管束组织，发病初期，植株地上部分表现出萎垂症状但叶片却仍保持原有的绿色，由此得名"青枯病"。发病后病情传染迅速，植株很快枯死，难以控制，重田块常常发生大量缺株，严重时造成绝收。

1. 叶片　发病初期，植株顶部叶片边缘略上卷，叶色变浅，细心而敏感的种植者会意识到这是叶片萎蔫的先兆（图 1-91）。有时整个叶片萎蔫，有时则是叶片一侧的裂片先萎蔫而另一侧暂时正常的（图 1-92）。发病初期，病株白天萎蔫，傍晚或阴天尚能恢复。

图 1-91　叶片略上卷

图 1-92　一侧萎蔫

　　2.植株　　本病标志性症状就是萎蔫。苗期一般不表现症状，当番茄株高 30 厘米左右开始显症。发病初期仅个别枝上 1 片或几片叶色变淡，先是顶端叶片呈现局部萎蔫下垂（图 1-93）。之后植株下部叶片凋萎，而中部叶片最后凋萎。有时仅植株一侧叶片萎蔫或整株叶片同时萎蔫。发病初期，病株仅在白天萎蔫，傍晚以后恢复正常，重病株不能恢复。如气温较低，连阴雨或土壤含水量较高达 85% 以上时，病株可持续 7～8 天后枯死，但叶片仍保持绿色或稍淡。如果土壤干燥，气温偏高，发病 2～3 天全株病叶变褐枯焦，植株凋萎（图 1-94）。

图 1-93　顶叶萎蔫

图 1-94　病株枯死

青枯病为土传病害，雨后或浇水后病菌随水传播，病情会顺栽培行蔓延，也会向四周蔓延，导致大面积发病，病情严重（图1-95、图1-96）。

图 1-95　整行发病

71

图1-96 病 田

3.茎 病茎外部变化不明显，相对来讲，茎基部可能表现有
症状，表皮粗糙，变褐并凹陷，貌似茎基腐病（图1-97）。茎中
下部表面出现疣突，增生不定根或不定芽。湿度高时，病茎上可
见初为水浸状后变褐色的1～2厘米斑块。该病始于茎基部，后
延伸到上部枝条，茎髓部大多溃烂或中空。如切削或剖开病茎基
部，可见木质部变为褐色（图1-98、图1-99）。横切病茎，用
手挤压横切面，湿度大时切面上维管束溢出有少量乳白色黏液，
菌脓带有臭鸡蛋般的恶臭味，这是本病与枯萎病和黄萎病相区别
的重要特征（图1-100）。如果不能从症状上准确判断番茄患的

是否是青枯病，还有另一种
检测菌脓的方法，病茎横切
成3～5厘米长的小段，将
切面浸泡在备好的透明清水
瓶或试管中，大约30分钟
后，对光观察，如果清水呈
牛奶状浑浊，说明有菌脓溢
出则证明番茄得了青枯病，
否则不是。

图1-97 茎基部表皮变褐

图 1-98 维管束变褐（茎基部斜切）

图 1-99 维管束变褐（茎中段）

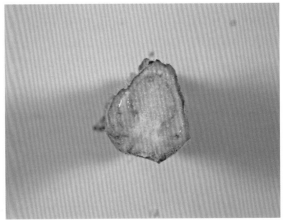

图 1-100 病茎切面溢出菌脓

【病　原】*Ralstonia solanacearum*（Smith），青枯假单胞杆菌，属细菌。

细菌短杆状，两端圆，大小 0.9 ～ 2 微米 ×0.5 微米，一般为 1.1 微米 ×0.6 微米，极生鞭毛 1 ～ 3 根。病菌在琼脂培养基上形成污白色、暗褐色乃至黑褐色的圆形或不整圆形菌落，平滑，有光泽。革兰氏染色阴性反应。生长最适温度为 30℃～ 37℃，最高 40℃，最低 10℃，致死温度为 52℃ 10 分钟。对酸碱的适应范围为 pH6.0 ～ 8.0，以 pH6.6 最适。

【发病规律】

1. 侵染循环　　本病为病原细菌侵染而引起的土传维管束病害。病菌主要随病残体留在田间越冬，在病残体上能营腐生生活，能在土壤中生活 6 年。即使没有适当寄主，也能在土壤中存活 14 个月乃至更长的时间。土壤中的病菌是该病主要初侵染源。

该菌主要通过雨水和灌溉水传播，依靠水将病菌带到无病的田块或健康的植株上。病果、带菌肥料、农具、家畜粪便等也能作为传病载体。在自然条件下，病菌能从没有受伤的次生根的根冠部位侵入，但主要还是从根部、茎基部伤口侵入，并沿导管向上蔓延，在维管束的螺纹导管内繁殖。青枯病菌在导管中生长时可产生大量的胞外多糖，影响和阻碍植物体内的水分运输，特别是容易对叶柄结和小叶处较小孔径导管穿孔板造成堵塞，因而引起植株枯萎。同时，青枯病菌还可以于细胞外分泌多种细胞壁降解酶，如果胶酶类和纤维素酶类，这些酶可破坏导管组织。病菌也能穿过导管侵入邻近的薄壁组织，使之变褐腐烂。整个输导器官被破坏后，茎、叶会因得不到水分的供应而萎蔫。

2. 发病条件　　高温和高湿是青枯病发生的促进条件。土壤含水量 25%，温度 20℃时，病菌开始活动，田间开始出现少量病株；温度升到 25℃时，病菌活动频繁，病害出现发病高峰。病菌在 10℃ ～ 40℃ 均可发育，活动最适温度为 32℃ ～ 37℃，致死温度为 52℃ 10 分钟。湿度 60% 左右时，根部腐烂率低，80% 以上，出现发病高峰。每年初次降雨来的早或晚，降雨天数的多少和降雨量的大小，都影响病情的发展。不耐干燥及淹水，大雨或连阴雨后骤然放晴，气温迅速升高，气温 27℃ ～ 32℃，田间湿度大，热气蒸腾作用增大，土温随气温急剧上升，更易促成病害流行。雨水多、湿度高的气候条件容易使番茄植株的根部发生腐烂或产生伤口，为病菌的侵染创造了条件。在我国南方，进入高温季节，连阴雨天或降大雨之后，气温突然增高，温湿度适宜于病原菌生长，随后就是一个发病高峰。而在北方该病发生得相对较轻，当植株生长不良，久雨或大雨后转晴，土温随气温急剧回升时，也会导致病害流行。

　　除上述环境因素外，栽培因素也会影响病害的发生程度。

　　连作致病。栽培种类单一，由于设施栽培通常是长期连作，很少进行合理轮作，致使土壤中病菌积累，连作时间越长，发病率越高，病情越重。据调查，连作 3 年以上，番茄青枯病发病率达 20% 以上。

　　种子带菌。带菌种子和带有病残体的有机肥，是无病区的初侵染源。播种前种子、营养土等未进行处理，病菌从幼苗的根部或茎基部皮孔和伤口侵入会引发病害。

　　畦形不当。一般地势较高的地块，高畦栽培，排水良好，发病轻，而采用平畦低畦栽培，不利于田间排水发病重。定植时，如定植穴中间土松，四周土紧，雨后造成局部积水，也易引起病害发生。

　　浇水不当。灌溉采取大水漫灌或浇水次数偏多，导致土壤含水量高，湿度过大，透气性差时，发病重。控水过重，土壤干湿变化大可加重病害发生。

　　土壤环境不良。单施一种肥料，或过多施用氮素化肥，忽视钾肥、微肥及优质农家肥的施用，造成植株徒长，土壤次生盐渍化，植株根系长期处于不良土壤环境中，抗病能力下降，感病几率增加。土质酸化，微酸性土壤，pH 值 5.2 ~ 6.6，为病菌生长创造了条件，病害发生较重，如果土壤微碱性（7.2 以上）则发病较轻。

【防治方法】

1. 农业防治

（1）选用抗病品种　　选用高抗青枯病的番茄品种，这是最有效的方法。目前，已育成的抗青枯番茄品种有丰顺、夏星、粤红玉、粤星、杂优 1 号、杂优 3 号、抗青 19、洪抗 1 号、洪抗 2 号、湘番茄 1 号、湘番茄 2 号、秋星、湘引等。但很多抗病品种，其抗青枯病与优质之间的矛盾尖锐，抗青枯病品种果实劣质，固形物含量低，果大却软或果硬但小，着色不均匀，畸形果过多。在育种工作中，还存在着抗病性与产量、品质等优良性状的矛盾以及抗性丧失等问题。

（2）实施轮作换茬　　对于连年发病地块，可实行在一定区域内停止种番茄 4 年以上，与非茄科作物如十字花科蔬菜、瓜类、豆类、叶菜类、禾本科作物等进行轮作，此法虽好但效果短暂，当年轮作的效果较好，连续两年种植茄科蔬菜，青枯病仍然发生严重，在大流行年份效果也差。轮作的同时，要保证区域内灌溉用水源头及沿线无茄科青枯病发生，水中无病菌。因为，青枯病靠灌溉水传播，而灌溉水可以顺着水沟四处流淌，范围很广，如果只是几家农户或是一片田块进行小范围轮作，那么别的感病田块的病菌照样可以通过灌溉水流入轮作田块，也就起不到轮作的效果。

（3）嫁接　　相比普通栽培，以抗青枯病番茄为砧木，以高品质的番茄为接穗，进行嫁接栽培，不失为一条可行方法。嫁接后番茄优势明显，但是由于番茄苗较细软，且用苗量较多，夏季气温又高，对嫁接技术要求较高，难度大，需花费大量的精力和劳力，大面积推广尚有一定难度，因此，目前此法主要在重病区采用。国内抗根腐病和枯萎病的砧木多，但高抗青枯病的砧木比较少，高抗青枯病的砧木南方多一些，国外以日本的资源较多。比较经典的砧木是托鲁巴姆。

（4）培育壮苗　应用穴盘或营养钵育苗，避免移栽时伤根。

（5）选地　选择富含有机质、土层深厚的壤土或沙壤土栽培番茄，避免在质地黏重的土壤上种植，质地黏重的土壤干湿交替时伤根严重，容易造成病菌感染。对酸性土壤，在做畦时施入生石灰 100 千克 /667 米^2，定植后在秧苗基部周围再撒一把石灰，调节土壤 pH 值调至 7 以上，既调节了酸碱度，又杀灭了土壤中越冬病菌。

（6）避免伤根　中耕培土提前到苗期根还未伸展开时进行，进入开花期根展开后尽量不要培土和中耕，避免根部受伤，防止病菌从伤口侵入。

（7）合理浇水　土壤中的病菌可以通过流水迅速传播，浇水做到小水勤浇，严禁大水漫灌，大水漫灌不仅传病，而且由于导致棚内湿度提高，容易引发其他病害，加重病害的发生。同时，要避免土壤过分干燥时浇大水。采用高畦或起垄覆盖地膜栽培，保持土壤湿度均匀，疏松透气。

（8）合理施肥　用充分腐熟的有机肥作底肥，氮磷钾肥平衡配合施用，适量增施磷、钾肥，不要偏施氮肥，配施锌、硼等微量元素，防止植株徒长，增强植株抗病力，其中，硼肥根外追施可以促进维管束的生长，对提高抗病力效果优于其他肥料。

（9）清洁田园　对已经发病死亡的番茄植株，应及时拔除，拿到棚外深埋，并向病穴内撒石灰粉消毒，防止再侵染。处理病株的工具及其他物品必须用肥皂水浸泡消毒。

2. 物理防治　播种前用 55℃ 的温水浸种 20 分钟，杀灭种子表面病菌。

3. 生态防治　注意调控温湿度，出苗期保持白天 22℃ ～ 25℃，夜间 15℃ ～ 18℃，定植前炼苗时遇高温可通风降温，白天可逐渐由 25℃ 降至 12℃ ～ 18℃，夜间 12℃，有利于培育壮苗。温室湿度超过 70% 时注意通风。早揭晚盖不透明物，调节温室光照。

4. 药剂防治

（1）种子消毒　用 1.3% 次氯酸钠浸种 30 分钟，或 5% 盐酸浸种 5 ～ 10 小时，或用硫酸链霉素 200 毫克／升浸种 2 小时，或用浓度 7 克／升的中性次氯酸钙溶液浸渍处理 60 分钟，或将种子放入 10% 磷酸三钠溶液中浸泡 15 ～ 20 分钟。捞出后清水冲洗，催芽后播种。

（2）苗床消毒　方法一，苗床用 40% 五氯硝基苯 20 克／米^2，拌入 1 千克细土中，均匀撒在苗床上，耙平，再用塑料膜闷盖 5 天，然后播种。方法二，苗床用 40% 福尔马林 30 毫升加 3 ～ 4 升水消毒，用塑料膜盖 5 天，揭开后过 15 天再播种。

（3）栽培田土壤消毒　方法一，用石灰氮进行土壤消毒，石灰氮是一种高效的土壤消毒剂，石灰氮分解的中间产物氰氨和双氰氨都具有消毒作用，土壤中施入石灰氮和鸡粪 3 000 千克，灌水，达到饱和，覆盖塑料薄膜，四周要盖紧、盖严，让薄膜与土壤之间保持一定的空间，以利于提高地温，增强杀菌效果，密闭温室或大棚 20 ～ 30 天，闷棚结束后，可根据土壤湿度情况开棚通风，调节土壤湿度，然后做畦定植，此法最佳时间要选择夏季气温高、雨水少的温室大棚闲置时期，一般是 5 月下旬至 8 月下旬为好。方法二，移苗时用链霉素水溶液做坐窝水灌根，1 克的 72% 硫酸链霉素可溶性粉剂加水 15 升，浇移植苗 80 株。但栽培田大面积进行土壤消毒，不但成本高，还要注意田间再侵染，否则便不能控制整个生长季节青枯病的发生。

（4）灌根　防治青枯病，最直接的办法是对发病初期的植株灌根。但实践中一般不选用农用链霉素，因为细菌对农用链霉素之类的抗菌素很容易产生抗药性。定植时用 80% 的菌毒清可湿性粉剂 1 000 倍液当作定根水浇灌，植株成活至发病前这段时间主要是做好病害的预防。发病初期选择以下药剂灌根：72% 农用硫酸链霉素可溶性粉剂 4 000 倍液，86.2% 氧化亚铜（铜大师）可湿性粉剂 1 500 倍液，10% 苯醚甲环唑（世高）水分散粒剂 2 000 倍液，25% 青枯灵可湿性粉剂 800 倍液，25% 络氨铜可湿性粉剂 500 倍液灌根，53.8% 可杀得 2 000 干悬浮剂 1 000 倍液，77% 可杀得可湿性粉剂 500 倍液，50% 百菌通可湿性粉剂 400 倍液等。每株灌药液 300 ～ 500 毫升，每隔 7 天灌 1 次，连接灌 3 ～ 5 次。注意事项：在发病前或发病初期用药防治，重点对发病中心植株灌根，将病情封锁，防止蔓延，力求治早、治少、治了，重病田视病情发展，必要时还要增加用药次数。

（5）喷雾　采用灌根等方法的同时，喷淋下列药剂：80% 百菌清可湿性粉剂 600 倍液，77% 可杀得可湿性粉剂 800 倍液，72% 农用链霉素可溶性粉剂 4 000 倍液，7 ～ 10 天喷 1 次，连续喷 3 ～ 4 次。没有发病的番茄也应使用上述药剂进行保护性喷雾。

三、病毒类

（一）病毒病（番茄斑萎病毒）

【症　状】

1. 果实　染病后，青果即可显症，症状多样，果实表面上出现褪绿斑，初期不规则形，典型病斑为环形或轮纹形，果实红熟期轮纹明显。

（1）不规则褪绿斑，果面不凹陷　这是发病初期的一类症状。绿色果实果面部分褪绿，褪绿斑边缘不明显，之后逐渐变为浅褐色（图1-101）。而处于转红期的果实，病斑边界不明显，形状不规则，大小不一致，果皮转色缓慢，病斑保持绿色。之后，病斑处的果皮会变为黄色。再后来，病斑与红色果皮分界明显，果面呈"白癜风"状（图1-102）。

图1-101 绿果上出现浅褐色褪绿斑

图1-102 病斑变为黄色

（2）同心轮纹斑，前期不凹陷，果面不变形　这是发病初期的另一种症状。绿果上产生褐色坏死斑，呈同心轮纹状，轮纹数量不等，此为斑萎病毒病的典型症状（图1-103）。轮纹不转色，其周围果皮的转色也会受到影响（图1-104）。

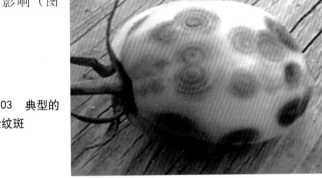

图1-103　典型的同心轮纹斑

图1-104　果实转色受影响

（3）轮纹凹陷，果面不平　这是发病中后期症状。绿熟期的果实，斑纹呈白色或浅绿色，凹陷，斑纹之间的果肉形成瘤状凸起。成熟果实的轮纹呈黄色，凹陷明显，红黄或红白相间（图1-105）。发病较早的果实，环形斑纹部位的果皮会逐渐变褐坏死，果面密布环斑，凹凸不平。樱桃番茄染病，由于果实较小，褐色斑萎会导致果实严重畸形（图1-106）。

图1-105 成熟果
果面红黄相间

图1-106 樱桃
番茄果实畸形

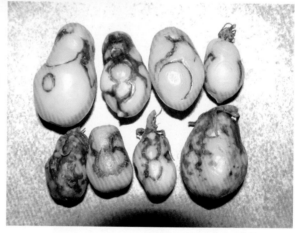

（4）不规则条斑导致果实畸形　　环斑或轮纹斑是斑萎病毒病的特征，但有时环斑或轮纹并不明显，而是形成不规则的，即粗细和延长方向都不确定的条斑，条斑部位的果肉坏死、凹陷，导致果面凹凸不平，果实畸形，以致丧失商品价值。初期，表面条斑浅褐色，木栓化，凹陷（图1-107）。之后条斑增多，略开裂（图1-108）。再后来坏死条斑变为褐色，条斑之间形成瘤状突起，果实僵缩易脱落。

图 1-107　浅褐色条斑

图 1-108　凹陷斑导致果实畸形

2. 叶片　症状有多种。

（1）铁锈状病斑　病斑沿叶脉出现，脉间叶肉褪绿，褪绿部位出现细小的槽纹（图 1-109）。之后，细小的病斑变为褐色，形状无规律可循，逐渐相互连片，状似铁锈。主要特点是从叶片基部开始呈现病斑，且主要分布在叶脉附近。最后病斑连片导致叶片干枯（图 1-110）。

图 1-109　叶肉褪绿

83

图 1-110　后期叶片干枯

（2）环斑　叶面出现细线状纹，如刀划过一般，叶背症状类似，这是环斑的初期症状（图 1-111）。有时发病速度较慢，叶面上可见不明显的黄色同心轮纹斑。之后，黄色轮纹逐渐变为褐色，检视叶背，可见密集的褐色环斑（图 1-112）。

图 1-111　线状纹

图 1-112　叶背的褐色轮纹

3．植株　这种病毒病为系统性侵染，整株带毒，后期整株叶片都会显症，但并不会很快造成植株死亡。初期病株的症状与健康植株的形态差异很大，容易被识别，病株仅半边生长，或完全矮化，或落叶，或呈萎蔫状，或卷叶，发病早的不结果。在田间，病毒会通过昆虫和农事操作，传给周围的健康植株，致使田间病株越来越多（图1-113、图1-114）。

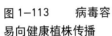

图1-113　　病毒容易向健康植株传播

图1-114　　全田发病

4．茎　番茄茎上出现形状不规则的褐色坏死条斑，不腐烂，无异味（图1-115）。轻轻削去表层，可见内部组织变褐（图1-116）。

图1-115　病茎
表皮出现褐斑

图1-116
茎内部变褐

【病　原】　Tomato spotted wilt virus　(TSWV)，番茄斑萎病毒，是布尼亚病毒科，番茄斑萎病毒属的典型成员。该属的属名就是由该属内发现的第一个病毒——番茄斑萎病毒命名而成。

病毒粒体球形或扁球形，直径80～96纳米，易变形，表面包裹约5纳米厚的双层脂质包膜，存在于内质网和核膜腔里，有的具尾状挤出物，质粒含20％类脂，7％碳水化合物，5％RNA。致死温度40℃～46℃，10分钟。稀释限点100～1000倍，体外存活期3～4小时。

【发病规律】

1. 侵染循环　通过汁液传毒，比如田间管理差，分苗、定苗、整枝等农事操作中病健株互相摩擦碰撞，易引起发病。

番茄斑萎病毒病在寄主植物之间的自然传播主要是通过蓟马媒介以持久性方式传播，该病毒在媒介昆虫体内自行复制增殖，提高了病毒的传播效率。目前已报道至少有 9 种蓟马传播此病毒，包括西花蓟马、烟蓟马、豆蓟马、烟草褐蓟马及苜蓿蓟马等，其中西花蓟马是最重要的传毒介体。蓟马只能在幼虫期获得病毒，病毒可在体内繁殖，葱蓟马经 5 ～ 10 天变为成虫后才能传毒，烟蓟马最短获毒期为 15 ～ 30 分钟，豆蓟马需 30 分钟，时间长传毒效率升高。蓟马一旦带毒，即具有终生传毒能力，约会传毒 20 天。

过去认为种子不能传毒，现代研究表明种子也能带毒，病毒都是在番茄外种皮，而不进入胚胎。

2. 发病条件　高温、干旱有利于发病和传播。田间杂草丛生地块发病重。蓟马与病毒病的发生关系密切，两者的发生往往是相关联的。

【防治方法】

1. 农业防治

（1）选用抗病品种　目前没有专抗 TSWV 品种，可试用抗 TMV 的品种，如佳粉 15，中杂 7 号、9 号，毛粉 802 等。

（2）清洁田园　铲除苗床杂草，四周不种植感病植物，以减少蓟马数量和控制感染源。及时拔除病株。收获后清除病残株和棚内外杂草。在番茄分苗、定植、绑蔓、打杈前，先喷 1% 肥皂水 + 0.2% ～ 0.4% 的磷酸二氢钾或 1:20 ～ 40 的豆浆或豆奶粉，预防接触传染。农事操作中手和工具应进行消毒。

（3）防治蓟马　番茄苗期和定植后注意及时防治蓟马，根据蓟马繁殖快、易成灾的特点，应以预防为主，综合防治。苗床要相对隔离，温室内外没有杂草，以减少蓟马数量。

2. 物理防治　　防治蓟马，勤浇水可消灭地下的若虫和蛹。用细网眼的网纱隔离蓟马。蓟马对蓝色具有趋性，可利用蓝板诱杀。

3. 生物防治

（1）防治蓟马　　利用钝绥螨等可有效控制西花蓟马的数量，在温室中每7天释放钝绥螨200～350头／米^2，可完全控制其为害。释放小花蝽也有良好的效果。这些天敌在缺乏食物时能取食花粉，所以效果比较持久。另外，可以用生物制剂1.8%阿维菌素乳油2 500倍液，0.3%印楝素乳油600倍液，2.5%多杀菌素水剂1 000倍液喷雾防治蓟马。

（2）防治病毒病　　可选用微生物源制剂如5%菌毒清水剂500倍液，8%宁南霉素（菌克毒克）水剂750倍液；植物源制剂如0.5%菇类蛋白多糖（抗毒丰）水剂300倍液，0.5%葡聚烯糖可溶粉剂4 000倍液。这类药剂在控制病毒的同时兼有增强植物抵抗力的作用，但效果不稳定。

4. 化学防治

（1）防治蓟马　　由于蓟马获毒后需经一定时间才传毒，因此发现蓟马后及时使用杀虫剂治虫最有效，当每株发现蓟马3～5头时就开始喷药，选择喷洒下列药剂：50%辛硫磷乳油1 000倍液，10%虫螨腈乳油2 000倍液，10%吡虫啉可湿性粉剂1 500倍液，25%阿克泰可湿性粉剂2 000倍液，5%氟虫腈（锐劲特）乳油1 500倍液，22%毒死蜱·吡虫啉（赛锐）乳油1 500倍液等。每隔5天喷1次，连喷2～3次。喷药时最好喷到茎基部，把生活在根际部的蛹杀灭效果更好。大棚、温室在使用前应当进行熏蒸杀虫，每667米^{2}可用15%异丙威烟剂200～300克熏蒸。

（2）防治病毒病　　目前防治病毒病普遍应用的是盐酸吗啉胍类药剂，盐酸吗啉胍的作用机理是抑制病毒的DNA和RNA

聚合酶的活性及蛋白质的合成，从而抑制病毒繁殖。主要药剂有32%核苷·溴·吗啉胍水剂1000倍液，20%盐酸吗啉胍·乙铜（病毒A）可湿性粉剂500倍液，40%吗啉胍·羟烯腺（克毒宝）可溶性粉剂1000倍液，7.5%菌毒·吗啉胍（克毒灵）水剂500倍液，25%吗啉胍·锌可溶性粉剂500倍液，31%吗啉胍·三氮唑核苷（病毒康）水剂1000倍液。

也可以选用3%三氮唑核苷（病毒唑）水剂500倍液，3.85%三氮唑核苷·铜·锌（病毒必克）水乳剂600倍液，24%混脂酸·铜水剂800倍液，10%混合脂肪酸铜水剂100倍液等。

生长调节剂类药剂有0.1%三十烷醇乳剂1000倍液，1.5%三十烷醇·硫酸铜·十二烷基硫酸钠（植病灵）乳剂800倍液，6%菌毒·烷醇（病毒克）可湿性粉剂700倍液。这类药剂能刺激生长，抵消病毒的抑制生长作用，但缺点是有可能导致蔬菜早衰、减产、抗逆性降低。

另外，也可进行药剂复配，如用1.5%三十烷醇·硫酸铜·十二烷基硫酸钠乳剂800倍液+0.014%芸薹素内酯可溶性粉剂1500倍液；20%盐酸吗啉胍·乙铜可湿性粉剂500倍液+0.014%芸薹素内酯可溶性粉剂1500倍液；0.5%几丁聚糖可溶性粉剂1000倍液+0.004%植物细胞分裂素可溶性粉剂600倍喷雾。

利用上述药剂和配方配制药液喷雾，每隔5～7天喷1次，连续使用2～3次。

（二）病毒病（番茄黄化曲叶病毒）

【症　状】　番茄生产的一种毁灭性病害，其典型症状可以概括为：植株矮化，顶部叶片黄化变小，叶片边缘向上或向下卷曲，生长发育早期染病植株无法正常开花结果，后期染病植株其上部新叶表现症状，花朵减少，开花延迟，坐果少而小，成熟期果实转色不正常，且成熟不均匀。

1. 叶片　叶片的典型症状是黄化并上卷，因发病阶段及严重程度不同，症状又有所不同。

（1）轻度黄化　发病初期，症状首先会出现在植株顶部叶片上，叶片局部出现轻度黄化。继而大部叶肉轻度黄化，有时会伴有轻度皱缩现象（图1-117）。叶片背面，尤其是叶背叶脉位置，会泛出紫色，这是叶片生长异常的一种表现。顶部症状最为明显，发病迅速时，小叶会通体黄化，叶脉、叶柄、茎有时会不同程度变紫，这是该病的非典型症状（图1-118）。

图1-117　叶片逐渐黄化并皱缩

图1-118　顶部叶片明显黄化

（2）黄化皱缩 叶片在均匀或不均匀黄化的同时，有时会出现不同程度皱缩现象，皱缩的结果会导致叶面凹凸不平、上卷或叶面积变小（图1-119、图1-120）。

图1-119 叶片略皱缩

图1-120 顶部黄化叶皱缩

（3）由叶缘开始向叶面中间部位黄化 这一症状类型是本病在某一发病阶段的表现，是本病的特征症状。叶缘开始黄化，逐渐向内发展，叶片边缘至叶脉之间的区域黄化，黄绿两种颜色缓慢过度，较大的叶脉及附近叶肉保持绿色，呈"鱼骨"状（图1-121）。由于叶缘生长受阻，导致叶片皱缩畸形，出现褶皱并向上卷曲，由此得名"黄化曲叶"，叶片变小变厚，叶质脆硬（图1-122）。

图 1-121　较大叶脉及附近叶肉呈绿色

图 1-122　大部分叶片呈黄化曲叶状

（4）黄绿相间花叶　叶片部分叶肉变黄，呈斑驳花叶状，此症状不是本病典型症状（图 1-123、图 1-124）。

图 1-123　花叶之一

图 1-124　花叶之二

2. 植株　就植株整体而言，本病有多种症状表现。

（1）矮化　主要表现为感病初期生长迟缓或停滞，植株上部茎的节间变短，叶片变小变厚，叶质脆硬，拥挤在一起，同时顶叶黄化，植株上部叶片症状比较典型，下部老叶症状不明显，俗称"烫花头"（图 1-125）。植株矮化萎缩，病株高度低于健康植株（图 1-126）。

图 1-125　植株顶部节间短

图 1-126　病株矮小

（2）顶叶黄化　　植株顶部新生叶片黄化，且黄化不均匀，有时会出现同一叶片的裂片上，基部黄化而尖端仍保持绿色的现象，且叶面的黄、绿两种颜色缓慢过度，生长点附近小叶黄化最为明显，叶片褶皱卷曲，下部老叶基本正常（图1-127、图1-128）。

图1-127　顶部叶片黄化

图1-128　顶叶黄化并皱缩

（3）植株枯死　　后期整个植株的叶片黄化，与健康植株很容易区分（图1-129）。叶片逐渐黄化干枯，植株会逐渐枯萎死亡（图1-130）。

图 1-129　成龄植株黄化

图 1-130　整株枯死

3. 果实　　番茄植株在开花前感染病毒，表现为开花延迟，坐果少，果实变小，膨大速度慢，成熟期的果实不能正常转色，产量降低甚至绝收（图1-131）。

图 1-131　病　果

95

图1-132 病 茎

4. 茎 茎的症状不明显，在发病中后期茎表面出现褐色条斑（图1-132）。

【病 原】*Tomato yellow leaf curl virus*（TYLCV），番茄黄化曲叶病毒，属双生病毒科，菜豆金色花叶病毒属成员。寄主广泛，可以侵染茄科、豆科等多种植物，超过20种植物易受其影响，包括番茄、曼陀罗、辣椒、菜豆、烟草等。

【发病规律】

1. 侵染循环 传毒介体为烟粉虱，同时可经嫁接传播，不能经机械摩擦或种子传播。最主要的传播途径是带毒烟粉虱传毒，烟粉虱在作物和蔬菜以及杂草上发生十分普遍，为害茄科、葫芦科、豆科等多种植物。烟粉虱各个龄期均能传播病毒。烟粉虱在保护地栽培条件下，在北方能够安全越冬并周年发生，成为导致番茄黄化曲叶病快速扩展和大流行的重要原因。烟粉虱一旦刺吸感染番茄黄化曲叶病毒的番茄后，再刺吸健康植株时，即能把病毒迅速传入，通常健康植株5～15分钟就可染毒，获毒30分钟后具备再次传毒能力。烟粉虱一旦获毒可终生带毒，既可向健康番茄植株传毒，还可以通过交配造成烟粉虱之间交叉传播蔓延，通过生殖行为传播给下一代，即所谓的垂直传播，因此，烟粉虱的危害十分严重，是目前被科学界惟一被冠以"超级害虫"的昆虫，可以说，防治番茄黄化曲叶病毒病，主要就是防治烟粉虱（图34）。病毒的远距离传播主要是通过带毒幼苗异地调运和种植。

2．发病条件　番茄黄化曲叶病毒病的发生与环境条件关系密切。一般高温、干旱的天气有利于病害发生；遇施用氮肥过量导致植株柔嫩，土壤含水量高等情况时发病较重；暖冬、春天气温回升早，越冬茬番茄播种过早，秋季温度高，有利于烟粉虱等害虫越冬和繁殖；氮肥施用太多，植株过嫩，植株郁闭，利于烟粉虱发生，易诱发番茄黄化曲叶病毒病；肥力不足、重茬连作、杂草丛生的田块发病重。烟粉虱是其主要传播媒介，因此有效除治烟粉虱是预防番茄黄化曲叶病毒病的主要手段。番茄黄化曲叶病毒病在设施中以夏秋两季发病几率较大。

【防治方法】　由于这种双生病毒基因组变异快、病毒复合侵染严重且重组频繁，加上烟粉虱能持久高效传毒，造成该类病毒病防治异常困难，至今世界上还没有对付这种病毒的有效药剂。应遵循"预防为主，综合防治"的植保方针，根据病毒及烟粉虱发生情况，因地制宜地灵活采取"避、阻、诱、杀"等切实可行的防治措施。

1．检疫　对从外地调运的幼苗，特别是从发病区调运的幼苗，务必在调运前委托具有病毒检测能力的大学等研究机构进行抽样快速检测，若幼苗中检测到该病毒，建议不要调运。

2．农业防治

（1）轮作　与茄科以外的其他作物如葫芦科的黄瓜、西葫芦、苦瓜、丝瓜或豆科的豆角、芸豆、扁豆等实行3年以上的轮作。

（2）选择抗病性较强的品种　防治病毒病最有效的方法是培育、种植抗病品种，而目前我国生产上推广的番茄品种都不抗该病毒病。国外有些品种具有高抗特性，又不适合中国人的口味。因此，从长期来考虑务必要培育符合中国人口味的抗病品种。从生产调查来看，以色列189、苏红9号、红帅、毛粉802、尼加拉868、瑞光、百利、迪利奥等抗性较强。目前，很多单位都在积极研制抗此病的专用品种，在我国，江苏农科院蔬菜研究所在这方面做了大量工作。同时菜农需要注意的是，番茄抗病毒病育种十分困难，对有些商家声称具有很强抗病性甚至免疫的品种，需要先进行谨慎的试验再大面积种植。

（3）正确诊断　发病初期，症状可能与缺素症、普通花叶病毒病相混淆而引起更严重的损失，务请及时与当地植保部门联系。

（4）加强田间管理　定植后适当控制氮肥，增施磷钾肥，增施有机肥。保持田间湿润，浇水要少量多次，促进植株生长健壮，增强植株抗病能力。及时进行植株调整，摘除病株、病叶。喷施芸薹素内酯等营养剂，促进叶片增绿，提高光合效率。

（5）尽量避免接触传染　在绑蔓、整枝、打杈、点花和摘果等操作时，应先处理健株，后处理病株，定时用肥皂水和磷酸三钠溶液洗手和工具。

（6）清洁田园　及时清除病株，减少病毒源。发现病株或疑似病株，务必及时拔除深埋，深度大于40厘米。及时清除田间杂草和残枝落叶减少虫源和毒源。

3. 生态防治　改善栽培环境，高温干旱有利于病毒病发生，因此应加强通风，降低温度，干燥时可通过定期向棚膜和地面喷洒水的方法增加相对湿度。

4. 物理防治　严格进行种子消毒，常用的方法是干热消毒。由于苗期感病后，不仅造成发病植株绝收，且成为植株间快速传播的毒源，所以务必培育无粉虱无病毒病的番茄幼苗。育苗期间，采用40～60目防虫网隔离育苗或在温室通风口覆盖防虫网，以避免烟粉虱迁飞使幼苗感染病毒。幼苗移栽前全棚杀虫处理，棚室所有通风处均使用40～60目防虫网覆盖，门口设置缓冲门道，内外门错开并且避免同时开启。以防带毒的烟粉虱进入棚室内。

苗期或定植后，利用该虫对黄色有强烈趋性，设置黄板诱杀成虫。从市场购买黄色吹塑板、泡沫板、塑料板，分割成 30 厘米 × 40 厘米板块，涂上一层机油，悬挂于植株上方，黄板底部与植株顶端相平，或略高于植株顶端，间隔 2～3 垄悬挂 1 个。1 周清理 1 次，重涂 1 次。

5. 药剂防治

(1) 防治烟粉虱　由于烟粉虱繁殖能力强，扩散迅速，具有突发性、爆发性和毁灭性为害等特点，建议植保部门在集中连片种植番茄和相关茄科、葫芦科和豆科作物的地区进行统防统治，减少发病和未发病田块之间的烟粉虱近距离传播从而提高防治效果。冬季或春季种植番茄，气温较低，烟粉虱发生少，活动性不强，是控制该病传播和彻底防治烟粉虱的最佳季节。育苗床应与生产大田分开，苗床尽量选用近年来未种过茄科和葫芦科作物的土壤，对育苗基质及苗床土壤进行消毒处理，以减少虫源。苗期或生长期，可药剂防治，在苗期用 70% 吡虫啉水分散粒剂 5 000 倍液根施。在烟粉虱虫口上升迅速时及时喷药，药剂可选择：10% 烯啶虫胺水剂 1 500 倍液，0.36% 苦参碱水剂 300 倍液，20% 啶虫脒可溶性粉剂 3 000 倍液，25% 噻嗪酮（扑虱灵）可湿性粉剂 1 000 倍液，25% 噻虫嗪水分散粒剂 3 000 倍液，2.5% 联苯菊酯（天王星）乳油 3 000 倍液，24.7% 高效氯氟氰菊酯乳油 2 000 倍液，1.8% 阿维菌素乳油 1 500 倍液，1% 甲胺基阿维菌素苯甲酸盐（宁捕）乳油 2 000 倍液等。喷药时务必均匀喷到叶片正面和背面，特别着重对叶片背面喷药。因烟粉虱繁殖力强，极易产生抗药性，需要几种药剂交替混配使用。外界气温较高或保护地内温度较高时，烟粉虱活动活跃，一般 5～7 天喷药 1 次，温度较低时可 10～15 天防治 1 次。

(2) 防治病毒病　很多基层农业技术人员进行了大量尝试，试验各种有效药剂，并在现有的条件下探索防治此病的药剂配方，并取得了一定的成果。

其一，在定植前后各喷 1 次 NS-83 增抗剂 100 倍液，增强耐病性。在发病初期开始喷抗病毒药剂，可选用 8% 宁南霉素水剂 750 倍液，20% 盐酸吗啉胍·铜（盐酸吗啉胍·乙酸铜）可湿性粉剂 500 倍液，5% 菌毒清水剂 250 倍液，0.15% 天然芸薹素内酯水剂 7 500 ～ 10 000 倍液，0.5% 菇类蛋白多糖（抗毒丰）水剂 300 倍液，20% 病毒 A 可湿性粉剂 500 倍液，15% 病毒必克可湿性粉剂 500 倍液，40% 吗啉胍·羟烯腺·烯腺（克毒宝）可溶性粉剂 800 ～ 1 000 倍液。叶面喷雾，7 天喷 1 次，连续喷 2 ～ 3 次。还可以使用 2% 氨基寡糖素水剂 1 500 ～ 2 000 倍液，此药又称农用壳寡糖，是指 D－氨基葡萄糖以 β－1.4 糖苷键连接的低聚糖，由几丁质降解得壳聚糖后再降解制得，或由微生物发酵提取，属于病毒复制抑制，并能提高植物抗性，还能对一些病菌的生长产生抑制作用，影响真菌孢子萌发，诱发菌丝形态发生变化，但不是杀菌剂。

其二，通过药剂混配防治。

配方 1：3% 三氮唑核苷水剂 750 倍液 + 氮磷钾叶面肥（自选）+0.5% 菇类蛋白多糖水剂 300 倍液喷雾。

配方 2，85% 病毒必克水剂（主要成分三氮唑核苷铜锌）500 倍液 +0.004% 芸薹素水剂 4 000 倍液喷雾。

配方 3：1.2% 核苷酸（绿泰宝）水剂 500 倍液 +2% 宁南霉素水剂（菌克毒克）1 000 倍液 +0.004% 植物细胞分裂素 600 倍液喷雾。

配方 4：20% 盐酸吗啉胍·铜（盐酸吗啉胍·乙酸铜）可湿性粉剂 500 倍液 +2% 宁南霉素水剂（菌克毒克）1 000 倍液 +0.004% 植物细胞分裂素 600 倍液喷雾。

配方 5：25% 噻虫嗪（阿克泰）水分散粒剂 10 000 倍液 +2%

宁南霉素水剂 1 000 倍液 +20% 盐酸吗啉胍·铜可湿性粉剂 500 倍液 + 0.01% 芸薹素内酯乳油 1 500 倍液 + 高锌叶面肥 2 000 倍液。配方中的噻虫嗪用于杀灭传毒媒介昆虫，宁南霉素和盐酸吗啉胍·铜用于钝化病毒，芸薹素内酯能协调生长增强抗毒能力，锌能抑制病毒的复制和繁殖。

以上药剂组合可选择 2 ~ 3 种，轮换交替使用，5 天喷 1 次，间隔期不能超过 6 天，连续防治。

其三，应用抗病毒疫苗，这些疫苗是种弱病毒，把它先接种在蔬菜上，能引导蔬菜先产生抗病毒的物质，保护蔬菜不受危害性强的病毒侵染。具体做法是：在播种或移栽幼苗时，用 600 倍植物病毒疫苗溶液浸泡种子 8 ~ 10 分钟后，用清水洗净种子，再催芽或播种。或将幼苗根部浸泡在溶液中 3 ~ 5 分钟，使根系浸满药液后再种植。在幼苗或定植后，可用 600 倍植物病毒疫苗水溶液喷淋根部，连喷 2 次，每隔 7 天 1 次。另外，开花结果期是蔬菜病毒病发病高峰期，在开花前期要再喷洒 1 次病毒疫苗 600 倍液。

第二章　非侵染性病害

一、花果异常类

（一）顶　裂　果

【症　状】　果实脐部（顶部）开裂，种子外露，除重症病果外，基本能保持果形，从外观看，多心室现象并不明显。

1. 幼果期顶裂　从番茄坐果初期花瓣、雌蕊萎蔫时即开始出

现症状，残余花瓣和雌蕊脱落后，顶部开裂，雌蕊基部显现木栓化疤痕或开裂露出种子（图2-1、图2-2）。

图2-1　谢花时可见顶部开裂

图2-2　顶部开裂的幼果

2.顶部轻度开裂 果实顶部在谢花后留下木栓化痕迹，出现轻微木栓化开裂，或形成裂口，甚至露出种子，但病情仅仅局限于顶部，可以愈合，果实仍有商品价值（图2-3、图2-4）。

图2-3 顶部木栓化痕迹

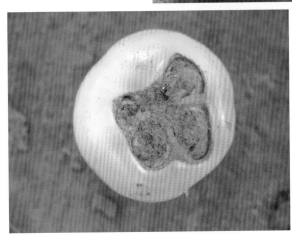

图2-4 顶部大型伤口

3.顶裂引发侧裂 病情较重时，顶裂果多与拉链果并发，果实脐部及其周围果皮开裂（图2-5）。果实分为几瓣，胎座组织及种子随果皮外翻、裸露，果实的脐部像猫爪的掌面。更严重者，在临近成熟时,果实脐部像开花的馒头或莲花一样分开,七翻八裂,胚胎组织及种子外露，形状难看，失去食用价值（图2-6）。

103

图 2-5　顶裂引发侧裂

图 2-6　重症顶裂果实分瓣

　　【病　因】　畸形花是导致顶裂果产生的根源。而畸形花的产生主要是花芽形成过程中环境条件不良造成的，正常情况下，播种后 25 ～ 30 天，真叶展出 2 ～ 4 片时，生长点即开始分化花芽，第 1 花序的花芽分化后 10 ～ 15 天，分化第 2 花序的花芽。此间如果夜温低于 15℃，就容易形成畸形花。从幼苗花芽分化开始，如果连续 1 周出现夜间气温在 8℃ 以下，白天气温 20℃ 以下，第 1 花序基部的第 1 个果就会畸形。如果从幼苗第 1 片真叶展开到第 7 片叶展开期间，均处于低温状态，则前 3 穗果均会出现畸形果。

从形态学的角度讲，顶裂果产生的直接原因是番茄花的雌蕊花柱开裂造成的，有时花柱受到机械损伤将来也会形成顶裂果。花柱开裂的直接原因是开花时植株缺钙。缺钙的诱因之一是上面提到的低温，也就是说，如果开花时，遇到低温环境，夜温长期低于 8℃，同时土壤中施用氮、钾肥过多，再加上土壤干旱，就会阻碍植株对钙元素的吸收，就容易形成花柱开裂的畸形花。

番茄开花时对花器供应的养分不足，特别是开花期遇到低温时，叶面光合产物少，根系吸收能力差，同时植株还要为茎叶生长提供营养，这样，花器养分缺少，畸形花就多。

【防治方法】

1. 调控温度　开花时，温室内的夜间温度不能长期过低。在幼苗长到 2～4 片真叶时已进入花芽分化期，苗床气温白天保持 24℃～25℃，夜间 15℃～17℃，温差 8℃～10℃，地温 18℃～22℃，一直维持到定植前半个月，长到 7 片叶。要注意改善缓苗后立即大幅度降温的栽培习惯，这样做虽可防止徒长，但产生的畸形花特别多。

2. 科学控水　实践表明，采用控水不控温的方法栽培效果相对好些。当苗高 15 厘米时开始控水，此时若心叶颜色浅，老叶深色，说明水分合适；如心叶、外叶都呈浅绿色，表示水分过大，易徒长；当心叶、老叶都呈深绿色或心叶变黑时，表明已缺水，应马上浇水，以保持心叶色浅，老叶色深的状态。

3. 科学施肥　施足有机肥，避免过施氮肥尤其是氨态氮肥，不过量施入钾肥。补充钙肥，一旦土壤缺钙，比较经济的方法是施用石灰补钙，一般每 667 米² 施用石灰 50～70 千克。作为应急措施，也可叶面喷施 0.5% 的氯化钙或 0.4% 硝酸钙溶液，这些化学肥料一般在各地的试剂商店有售。也可喷施绿芬威 3 号等含钙复合微肥。补充硼肥，可用 0.5% 的硼砂或硼酸水溶液喷洒叶面，7～10 天 1 次，连续 2～3 次。

（二）拉链果

【症 状】从番茄果实的果蒂至果脐部，有一条或多条木栓化弥合线，状如中国式红灯笼上的竹篾骨架。因发病时期和严重程度不同，弥合线的粗细、条数也不一样（图 2-7、图 2-8）。弥合线为褐色并且木栓化，在土壤水分增高的情况下，果实会从弥合线的位置开裂。以后，随着果实膨大，木栓化部分严重开裂，弥合线上产生横向裂口，状如拉链，故而得名拉链果（图 2-9）。以后，木栓化部分颜色逐渐加深，裂口加大，形成典型的拉链果（图 2-10）。通常每个果实只有 1～2 条拉链。在果实很小的时候就能分辨出拉链果。这种裂果主要在低温条件下发生，高温季节偶有发生，品种间发生几率差异较大。

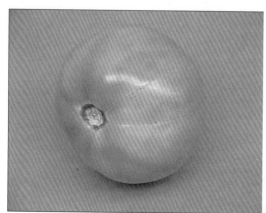

图 2-7　极细的弥合线

图 2-8　弥合线多而细

图 2-9 弥合线
上出现横向裂口

图 2-10 典型的拉链果

【病　因】　　拉链果多发生于冬季和早春的大棚或温室中，由于在花芽分化和发育过程中，幼苗遭遇 5℃ ~ 7℃ 低温，引发低温障碍，雄蕊不能从子房上分离出来，开花时雄蕊的花丝贴在子房上，开花后果实开始膨大时把雄蕊花丝嵌在果实里面，在果实侧面上形成纵向的弥合线，不能弥合之处便形成开裂。低温特别是夜温偏低的同时，如果多施氮肥，浇水过量，植株缺钙，则拉链果数量会增多。

高温季节发生的拉链果则是由于苗期高温、苗床上幼苗过密、幼苗缺乏营养、花芽发育不良造成的。也有人认为是钙、硼等营养元素不足引起的。另外，据观察，在使用生长调节剂喷花促进

107

坐果时，如果误喷到植株生长点上，则叶片变细，以后发生的拉链果几率会增多。

【防治方法】 低温季节育苗，白天需要保持在 20℃以上，夜间 10℃以上。为避免因多氮多水增加拉链果的发生率，必须控制育苗期间氮肥用量和浇水量。高温季节育苗，幼苗生长快，常拥挤不堪，导致光合生产量低，花芽形成受阻，因此应该扩大幼苗营养面积，增加幼苗受光面积。定植后喷花时要避免生长调节剂误喷到植株生长点上。通过育苗期的科学管理，能有效地预防拉链果的发生，但预防的关键措施还是选择不易发病的品种。

（三）畸 形 花

【症 状】 番茄畸形花有多种，一种为多柱头花，每个子房上有 2～4 个雌蕊，具有多个柱头，所结果实为多头果（图 2-11、图 2-12）。

图 2-11 多柱头花

图 2-12 多头果

第二种畸形花雌蕊更多，且排列成扁柱状或带状，这种现象通常被称为雌蕊"带化"，畸形花如不及时摘除，往往结出畸形果（图 2-13、图 2-14）。

图 2-13　雌蕊带化

图 2-14　雌蕊带化的花所结果实

　　第三种，作者称之为重瓣花。花器严重畸形，拥有多个花柱，散生、带化或聚集在一起，同时拥有多套围生的雄蕊，花瓣也比正常花要多，整个花就像多朵花杂乱无章地聚集到了一起，结出的果实为严重畸形的多心室果（图 2-15、图 2-16）。

图 2-15　轻度重瓣花

图 2-16 重度重瓣花

【病　因】　主要是花芽分化期间夜温低和氮肥过多所致。花芽分化，尤其第一花序上的花在花芽分化时夜温低于 15℃，容易形成畸形花。另外，强光、营养过剩，尤其是氮肥过多，也会形成畸形花。

【防治方法】　花芽分化期间，苗床温度白天应控制在 24℃ ~ 25℃，夜间 15℃ ~ 17℃。生长期间保证光照充足，湿度适宜，避免土壤过干或过湿。抑制徒长，有的种植者往往采取降温（尤其是降低夜温）的办法抑制幼苗徒长，但如果温度过低，在抑制徒长的同时会产生大量畸形花。因此，最好采用"稍控温、多控水"的办法防徒长。科学施肥，确保苗床氮肥充足，但不过多；磷、钾肥及钙、硼等微量元素肥料适量。

二、茎叶异常类

（一）茎　裂

【别　名】　芽枯病、天窗茎、裂茎病。

【症　状】　露地、设施都有发生，主要发生在高温期栽培的番茄茎上。该病影响植株生长，茎易从开裂处折断。通常是在定植后 20 ~ 30 天发生，发生部位一般在植株第二和第三穗果的着生处附近。

　　裂缝轻微时，发病株腋芽处出现纵缝，形成裂痕，呈竖"一"字形纵沟或"Y"字形缝隙（图 2-17）。有时伴有黄色流胶，分枝内部也变褐（图 2-18）。

图 2-17　茎部凹沟

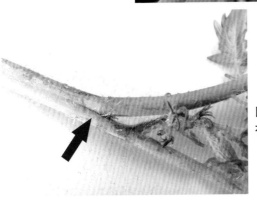

图 2-18　　凹陷处有褐色流胶

　　有时，在发病初期，茎表皮部分坏死变褐，茎扭曲，7～14天后，在节间出现纵沟凹陷，茎开裂，内部变褐，边缘不整齐（图 2-19）。严重时，分枝位置的纵沟深凹成洞，甚至穿透茎形成中空，状如"天窗"，内部褐色，裂痕边缘不整齐，导致新生侧枝和果穗枯死，故名芽枯病（2-20）。

图 2-19 开 裂

图 2-20 侧枝逐渐枯死

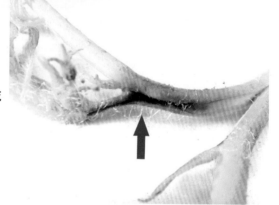

　　症状不仅出现在主枝，腋芽也有发生。裂茎一旦发生，发生部位的节间就显著缩短，叶对生，花穗弱，果实往往着果不良。芽枯病发生严重的植株，生长点枯死，不再向上生长，而是出现多分枝向上长的情况。

　　【病　因】　直接原因是植株缺硼、缺钙，可能由多种因素引发。

　　1. 高温　夏秋保护地，中午通风换气不及时或通风不良，高温烫死幼嫩的生长点，也会使茎受伤。

　　2. 高氮　番茄栽培过程中氮肥施用过多，造成植株徒长，同时由于土壤水分过大、氮素吸收过多而导致钙与硼吸收受抑制等易引起芽枯病。

3. 干旱　定植成活后，控水过度，或在多肥条件下，高温干燥、土壤溶液浓度变大，也影响了植株对硼肥的吸收，造成植株缺硼，引发芽枯病。

【防治方法】

1. 品种选择　选用节间伸长容易、均匀的品种。

2. 合理施肥　氮、磷、钾肥配合施用。设施内应根据前茬的残肥量调节基肥量，最好进行测土施肥，要特别注意避免氮肥过多，注意钙、硼微量元素的施用。必要时用浓度为 0.1%～0.2% 的硼砂溶液加新高脂膜 800 倍液对植株进行叶面喷洒，每隔 7～10 天 1 次，连喷 2～3 次，提高植株抗病能力。

3. 避免干旱　发现土壤干燥应及时浇水，但要避免灌大水，肥水过多易徒长，易发生裂茎病。

4. 避免高温　露地番茄遇高温，尤其是高温大风天气，要灌水降温。在高温的中午，可向叶面喷洒清水，以降低周围温度。设施番茄要加强放风降温，注意中午放风，务必使设施内温度不超过 35℃。利用温室进行番茄越夏栽培时，最好采用旧的塑料薄膜为覆盖物遮光降温，不要使用黑色遮阳网，因为在我国北方，黑色遮阳网遮光过重。

5. 植株调整　发生裂茎时，要注意培养出新的结果果穗，在适当的位置留 1 穗生长较好的花序，用它代替失去的果穗，以减少产量损失。用侧枝代替主枝坐果，去掉一些徒长枝杈。

（二）黄 锈 叶

【症状】　多发生在多年连作的日光温室或塑料大棚内，年年发生，逐年严重。从植株小叶基部向叶缘扩展（图 2–21）。最初叶片正面略发黄，叶脉之间出现黄斑，边缘不明显，大小不一致（图 2–22）。然后，黄斑上出现褐斑，呈铁锈色，褐斑逐渐扩展，病部枯死（图 2-23）。严重地块，叶面黄斑连片，并伴有轻微皱缩，症状略似斑萎病毒病，后期在黄斑基础上出现褐斑（图 2-24）。

图 2-21　从基部叶向上扩展

图 2-22　叶面黄斑面积增大

图 2-23　褐色斑逐渐扩展

图 2-24　黄斑连片

与之对应的叶片背面叶脉附近的叶肉会呈紫褐色坏死状（图 2-25、图 2-26）。最后，正面黄斑越来越明显、越来越大，背面出现不规则的红褐色坏死斑。叶片部分叶肉逐渐黄化坏死，坏死部分成紫褐色，色如铁锈。整体症状从下部叶片向上部发展。

图 2-25　叶背的紫褐色斑

图 2-26　发病严重病叶叶背症状

【病　因】　这是一种连作障碍在特定环境条件下的表现。由于多年连作，大量使用化肥，土壤理化性质变差，根系受到破坏，吸收能力降低。导致植株缺乏养分，表现为黄叶甚至叶肉坏死，并伴有缺磷、缺镁、缺铁的一种或多种缺素症状。其根本原因是连作障碍。

首先，多年连作，大量使用化肥，致使土壤溶液浓度升高，根系就如同泡在盐水之中，虽然土壤中含有丰富的养分，但根系吸收不了，从而会表现出各种缺素症状。

其次，多年连作，根系会分泌出毒素，自己杀死自己，称为根系的"自毒作用"，这是植物抵抗不良土壤环境的一种"自杀"现象，是在进化过程中形成的，这些毒素会导致黄化或变褐坏死。

最后，多年连作，植物一直吸收类似的某些养分，而某些不被吸收的离子在土壤中大量积累，多年以后，无用的离子就会越积累越多，导致土壤浓度升高，酸碱度发生变化。比如，如果施入硫酸铵，铵离子被大量吸收，而番茄吸收硫酸根比较少，大量积累在土壤中，年年如此，土壤中就会积累大量硫酸根，必然对植物造成危害。

这种连作障碍，不仅导致土壤环境不良，根系也会受到损坏。表现为根量少，几乎没有根毛，根系颜色深，甚至变褐坏死，根皮极易剥落，等等。

【防治方法】　减少化肥用量，多施用腐熟的有机肥，或改用黄腐酸或氨基酸冲施肥、生物菌肥，并掺入或叶面喷施甲壳素。使用冲施肥时掺入生根剂，或单独用生根剂灌根，促进根系发育，刺激发生新根。下茬栽培前，大量使用有机肥。有机肥对减轻土壤连作障碍有特殊的作用。

笔者观察发现，防治番茄黄锈叶最有效的方法是建造秸秆反应堆，在使用秸秆反应堆的温室中，没有出现过这种症状。

秸秆反应堆是一种日光温室低温季节栽培的新型辅助设施，主要用于栽培越冬茬蔬菜的温室中。是在畦下铺玉米秸，并掺入菌肥，玉米秸在缓慢的分解过程中，能提高地温，释放营养，并改善土壤理化性质，使用 1 年以后，温室土壤即表现得十分松软。基本建造步骤如下：

施肥。每年越冬茬番茄定植前建造秸秆反应堆，建造前在温室普施有机肥，将有机肥撒于温室地面。

挖沟。在预定的栽培行上放线，按线挖沟。沟宽 50 厘米，沟间距是 90 厘米，深 20 ~ 25 厘米，挖出的土堆放在两沟之间的地面上（图 2-27）。

图 2-27　挖　沟

铺玉米秸。1 个 300 米^2 的日光温室大约需要 1 000 米^2 大田所产的玉米秸。将成捆的玉米秸顺行放入沟中，用脚踩踏，适度压实，与沟口原来的地面平齐。

撒菌肥。玉米秸上撒菌肥，每 1 千克菌肥掺入 30 千克麦麸，加适量水搅拌至撒施时不随风飞溅为止，不计麦麸重量，每沟约需纯菌肥 150 克（图 2-28）。边撒菌种边用铁锹敲击、拍打玉米秸，使菌肥进入玉米秸秆间隙。菌肥的作用是延缓玉米秸的分解速度。

埋土浇水。从沟侧壁上切土，覆盖玉米秸，厚度约 10 厘米（图 2-29），用脚踩踏，顺沟灌水。

做高畦。灌水次日，从沟两侧畦埂处取土，将所有从沟中挖出的土壤都堆到埋了玉米秸的沟上，堆成高 20～25 厘米、宽 90 厘米的高畦。从高畦中间铲土，形成双高垄（图 2-30）。

图 2-28　撒菌肥

图 2-29　埋　土

图 2-30　在玉米秸上方制作双高垄

（三）生理性卷叶

【症　状】　生理性卷叶是指番茄叶片纵向上卷。从叶片卷曲程度来看，轻者仅叶缘稍微向上卷曲（图2-31）。重者则卷成筒状，同时叶片变厚、变脆、变硬（图2-32）。

图2-31　叶片略上卷

图2-32　叶片卷成筒状

从发病部位来看，轻者仅下部，或中下部叶片卷曲，重者整株卷叶（图2-33、图2-34）。

图2-33　植株下部叶片卷曲

图 2-34　整株叶片卷曲

从整个田间来看，有时是在田间零星发生（图 2-35）；有时则是普遍发病（图 2-36）。

图 2-35　零星发病

图 2-36　普遍发病卷曲严重

卷叶不仅影响叶片的蒸腾作用和气体交换，还会严重影响光合作用。所以轻度的卷叶会使番茄果实变小，严重卷叶会导致植株代谢失调，营养积累减少，坐果率降低，果实畸形，品质下降，产量锐减。

【病　因】生理性卷叶主要是由于高温、强光、生理干旱引发的。番茄叶片大而多，蒸腾作用旺盛，在高温、强光条件下，番茄的吸水量弥补不了蒸腾作用的损失，造成植株体内水分亏缺，致使番茄叶片萎蔫或卷曲。在果实膨大期，尤其在土壤缺水或植株受伤、根系受损时，番茄卷叶会严重发生。

高温的中午突然灌水或雨后暴晴，由于植株不能适应突然变化的条件，可能引起生理干旱而卷叶。在高温天气，有菜农为减轻病害，过于强调降低湿度，造成空气干燥，土壤缺水，或干旱后大量灌水，造成水分供应不均衡，也会引发生理性卷叶。设施栽培的番茄遇连阴雨或长期低温寡照而后暴晴，同样会引起番茄失水卷叶。

植株调整不当也会诱发生理性卷叶，如果整枝过早或摘心过重，不仅植株地上部分生长不好，叶面积减小，还会影响地下部的生长，根量少，质量差，制约水分和养分的吸收和供给，从而影响叶片的正常生长和发育，诱发卷叶。

肥料施用不当，氮肥施用过多，或缺乏铁、锰等微量元素，植株体内养分失去平衡，引起代谢功能紊乱，也会引起番茄卷叶。

此外，其他原因也会诱发卷叶，比如，激素使用不当，误将激素使用在叶片和生长点上，或激素浓度过高，改变了植株的代谢功能，使番茄叶片卷曲。2，4—D药害会导致叶片或生长点弯曲，新生叶不能正常展开，叶缘扭曲畸形。矮壮素、防落素等药害症状要比2，4—D轻些。但这类卷叶的症状独特，容易区分。

【防治方法】　设施番茄在高温、强光条件下，要及时放风，放风量要逐渐加大，不要过急。干燥造成卷叶时可在田间喷水或浇水。在高温季节，可利用遮阳网及其他遮光降温措施栽培番茄。

在番茄生长季节，应经常浇水，保持土壤含水量在80%左右，避免土壤过干过湿。避免在高温的中午浇水。根据番茄的需肥特点，进行测土配方施肥或施用茄果专用肥。发现缺乏某种营养元素时，可采用根外追肥的方法补救。正确掌握生长调节剂的使用浓度，避免生长调节剂污染叶片和生长点。

适时适度进行植株调整，侧芽长度应超过5厘米以后方可掰掉。摘心宜早，宜轻。在最后一穗果上方留2片叶摘心。

三、环境不良类

（一）长期低温冷害

【症状】 总的来讲，番茄要比黄瓜等瓜类蔬菜耐寒，但如果设施的保温性能不好，番茄长期处于低温环境下，也会出现生理异常。由于低温程度不同，不同品种番茄对低温的忍耐能力有差异，所以长期低温冷害的症状也多有不同。而且，还会出现由低温引发的缺素、有害气体危害等各种伴发症状。

1. 叶片

（1）扭曲 番茄经受长期低温冷害，会呈现叶片扭曲、叶肉褪绿坏死两个特异症状。一些耐低温能力较弱的品种在受害初期，叶片中肋隆起呈驼峰状（图2-37），以后整叶严重皱缩、扭曲，整株叶片都是如此，只是程度略有不同（图2-38）。

图2-37 叶片隆起

图 2-38　叶片严重扭曲

（2）黄绿斑驳　有些情况下，番茄则表现为叶片从叶缘开始颜色变淡、变黄，并沿叶脉之间叶肉向内部发展（图 2-39）。变色的叶肉部分逐渐坏死，有可能形成不规则形白色枯斑（图2-40）。

图 2-39　叶缘变色

图 2-40　出现枯斑

123

（3）叶缘黄化 从叶缘开始变色，逐步黄化，并经叶脉之间向叶片内部发展，后期叶缘坏死、变褐（图2-41、图2-42）。

图 2-41 叶缘黄化

图 2-42 叶缘焦枯

（4）不规则白斑 当冷害突然降临时，变色过程不明显，直接在叶面上出现浅绿色斑（图2-43）。病斑失水后变为白色，不规则形。之后，病斑扩大，但受到叶脉限制。从叶片背面检视，可见病斑部位叶肉变薄，有光泽。这种类型的症状通常会大片发生，导致植株上的叶片大量枯死（图2-44）。后期，如果病部不穿孔，白色病斑会受到环境影响，变为浅褐色。

图 2-43　褪绿绿斑

图 2-44　成片显症

（5）脉间白色条斑　病斑条状，白色，在大叶脉之间扩展，后期残留的叶脉如鱼骨状（图 2-45、图 2-46）。这种症状多在低温但光照比较强的环境下发生。

图 2-45　脉间白色条斑

图 2-46　多叶显症

（6）水烫状受害叶　　遇到强烈低温时，叶片从叶缘或叶片基部开始显症，受害叶肉呈枯绿色，如热水烫过一样，导致叶片下垂或卷曲（图 2-47、图 2-48）。

图 2-47　水烫状叶片

图 2-48　从叶片基部显症

2.植株　　低温会影响每一棵植株的生长，因此，与侵染性病害不同，长期低温冷害下，处于相同环境中的植株往往会显示相同的症状。初期除叶片出现各种症状外，由于根系所处的土壤温度低，生长不良，根系吸收能力差，会导致叶片萎蔫（图2-49）。当低温程度或持续时间超过植株忍耐的极限，就会出现大片叶片干枯的现象（图2-50）。

图 2-49　萎　蔫

图 2-50　植株叶片枯死

3.花　　花梗和萼片出现褐斑，严重时后期会形成畸形果（图2-51）。

图 2-51 受害花

4. 果实 果面出现黄色斑，不规则形，果实变形甚至软化（图 2-52）。

图 2-52 受害果

【病 因】 温室布局、结构不合理，建造标准低，保温性能差。日光温室的设计和建造是一个科学而复杂的过程，即使使用相同的材料，如果温室结构不同，保温性能也会大不一样。例如，温室布局过于紧密，前后温室间距过小会造成遮光，处于后排的温室就会常年处于较低的温度水平，甚至出现薄膜内部结冰的现象（图 2-53）。

图 2-53 温室被遮光，薄膜内侧结冰

【防治方法】　建造高标准温室。目前最实用且坚固的日光温室是土墙、钢筋骨架、半地下室温室，温室下挖50厘米（图2-54）。以土堆墙，温室宽8米，高3～4米左右，长50～100米。墙体内侧高2.2～2.5米，墙体顶部宽1～1.5米，底部宽3米以上（图2-55）。土墙具有良好的保温和贮热能力，这一点远远优于砖墙。钢筋骨架与竹木骨架相比，坚固性提高，且减少了对蔬菜的遮光。半地下式的设计对提高地温十分有利。因此，在结构合理的土墙钢筋骨架半地下式温室中很少出现低温冷害现象。

图 2-54　土墙
钢筋骨架温室

图 2-55　后屋面和宽阔的后墙顶部

加强覆盖保温。例如，可以在温室内覆盖二层保温幕；使用红外灯进行临时加温（图2-56）。露地栽培时可以采取简易地面覆盖进行保护。还可以采取一些农业措施，比如对开始萌动的种子进行低温处理，从而提高植株的耐低温能力。定植前采取低温炼苗，以增加植株内糖分含量，提高植株的耐低温能力。喷药防寒，某些药物可以较好地提高植株抗寒性，如植物抗寒剂、青霉素等，青霉素可以杀死植株体内的冰点细菌，从而提高耐低温能力。

图2-56　红外灯加温

（二）高温障碍

【症　状】　设施春茬番茄后期、秋茬番茄早期，或露地番茄在炎热的夏季，经常会出现高温障碍。

　　1. 幼苗　幼苗期遭遇高温，脉间叶肉坏死，形成不规则白斑（图2-57、图2-58）。

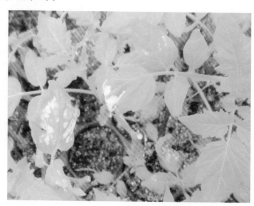

图2-57　受害幼苗

图 2-58 受害幼苗的叶片

2. 叶片 在遇到持续的 30℃ 左右高温, 叶片上会出现细碎的褐色斑, 叶背症状不明显 (图 2-59、图 2-60)。

图 2-59 叶面症状

图 2-60 叶背症状

在湿润环境下，高温首先导致叶片扭曲（图2-61）。而在干燥条件下，叶片中叶绿素合成减少，叶缘焦枯。在设施内的极端高温环境下，叶片的一部分或整个叶片褪绿，后变黄枯死，有时叶片表面出现不规则的白色或灰白色斑块，随病情加重逐步扩大（图2-62）。幼叶和生长点被灼伤永久性萎蔫，干枯而死。

图2-61　叶片扭曲

图2-62　叶面出现白色坏死斑

3. 果实　在极端高温下，首先萼片干枯（图2-63）。之后果皮会坏死，呈革质状，症状从脐部开始，似脐腐病。之后，症状向果实蒂部扩展，直致整个果实皱缩，果皮呈白色，似水烫状（图2-64）。

图 2-63 萼片干枯

图 2-64 果实受害

3. 花　花器抗高温能力弱，在极端高温下易干枯。

【病　因】　虽然番茄喜温喜光，但由于长期驯化栽培已不耐高温。白天温度超过 30℃，夜间温度超过 25℃，则生长迟缓，影响结果。超过 40℃，生长停顿，超过 45℃，茎叶被灼伤。干旱会加重病情。

【防治方法】

1. 放风　遇高温（超过 30℃）要及时放风，使叶面温度下降，这是防止高温伤害的最有效措施。放风时应先小后大，先顶部通风，后下部通风。有条件时，可采用排风扇和自然通风相结合的方法，效果最佳。放风要根据季节变化灵活掌握，春茬放风由小到大，秋茬放风由大到小。一般春季当室内温度在 15℃ 以上时，就可以昼夜通风。

2. 遮阴　当阳光过强，室内外温差过大，又不便放风降温或经放风仍不能降至所需温度时，可采取部分遮阴的办法，如覆盖部分草苫等，防止棚室内温度上升过高。进行越夏栽培时，最好利用遮阳网或纱网遮光，减弱太阳辐射。

3. 喷水　露地栽培时，在 6 月中下旬容易遇到刮干热风的天气，温度过高且空气干燥时，可用喷雾器在田间喷水，增湿降温，这是缓解临时性高温危害的有效方法。

4. 喷肥　喷施光合微肥等叶面肥，提高植株叶片对强光、高温的忍耐力。

5. 浇水　高温、强光天气应及时浇水，保持土壤湿润，冷水灌溉对降低地温十分有效。同时，在较高的土壤湿度和空气湿度下，相同的高温所造成的危害要比干旱条件下轻很多。需要注意的是，露地栽培者，夏季浇水时间应选择在傍晚，不能在中午浇水。

第三章　虫　害

一、半翅目

（一）斑须蝽

【别　名】　细毛蝽、斑角蝽、黄褐蝽、臭大姐。

【学　名】　*Mamestra brassicae* Linnaeus (*Dolycoris baccarum* Linnaeus)。

【分　类】　昆虫纲，半翅目，蝽科。

【为害特点】　主要以成虫和若虫刺吸嫩叶、嫩茎及果实的汁液。茎叶被害后，出现黄褐色斑点，严重时叶片卷曲，嫩茎凋萎。果实被害后，在果面上形成黄色不规则斑痕（图 3-1）。斑痕边缘不整齐，近似星形，深达果肉（图 3-2）。影响生长，减产减收。

图 3-1　受害大果型番茄

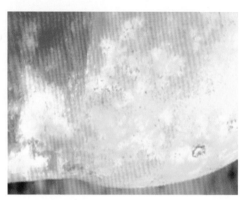

图 3-2　损伤深达果肉

【形态特征】

1. 卵　长圆筒形，初产为黄白色，孵化前为橘黄色，眼点红色，卵壳有网状纹，有圆盖。卵聚集成块，每块平均16粒（图3-3）。

图 3-3　卵

2. 若虫　共5龄。体暗灰褐或黄褐色，全身被有白色绒毛和刻点。触角4节，黑色，节间黄白色。腹部黄色，背面中央自第2节向后均有1块黑色纵斑，各节侧缘均有1块黑斑（图3-4）。

图 3-4　若　虫

3. 成虫　长椭圆形，赤褐色、灰黄色或紫褐色，全身密被白绒毛和黑色小刻点。雌虫体长 11.2 ～ 12.5 毫米，宽约 6 毫米，雄虫 9.9 ～ 10.6 毫米。触角 5 节，各节先端黑色，第 1 节短而粗，第 2 ～ 5 节基部黄白色，形成黄黑相间的"斑须"。喙细长，紧贴于头部腹面。前胸背部前面呈浅黄色，后面呈暗黄色，小盾片三角形，末端鲜明的淡黄色，钝而光滑，为该虫的显著特征。前翅革质，部分淡红褐至红褐色，膜质部分透明，黄褐色。足黄褐色，散生黑点（图 3-5、图 3-6）。

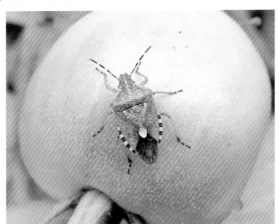

图 3-5　成虫（背面）

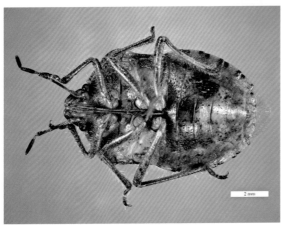

图 3-6　成虫（腹面）

137

【发生规律】　　1 年发生代数因地区不同而异，东北 1 年发生 2 代。以成虫在田间杂草、枯枝落叶、植物根际、树皮下越冬。在北方地区，通常在 4 月初开始活动，早春、越冬代成虫在杂草中活动，4 月中旬交尾产卵，4 月底 5 月初幼虫孵化，第 1 代成虫 6 月初羽化，6 月中旬为产卵盛期；第 2 代于 6 月中下旬 7 月上旬幼虫孵化，8 月中旬开始羽化为成虫，10 月上中旬陆续越冬。卵多产在上部叶片正面或花蕾、果实的萼片上，多行整齐排列。初孵若虫群聚危害，2 龄后扩散危害。

　　成虫具有明显的喜温性，在春季阳光充足、温度较高时，成虫活动频繁。早春，成虫仅在晴天无风的中午前后活动，早晨或傍晚即潜藏在植株下部，而夏季，主要在早晚凉爽、弱光时活动。成虫有群聚性，在长势好田内虫量较多。成虫具弱趋光性，有假死性。在强的阳光下，成虫喜栖于叶背和嫩枝上；阴雨和日照不足时，则多在叶面上活动。暴风雨对其有冲刷作用，使虫口下降。成虫一般不飞翔，如飞翔其距离也短，一般 1 次飞移 3 ～ 5 米，有转株为害习性。成虫白天交配，交配时间为 40 ～ 60 分钟，可多次交配，交配后 3 天左右开始产卵，产卵多在白天，以上午产卵较多。成虫产卵于叶片正面及幼嫩部位。卵粒排列成块，每块 12 ～ 24 粒。单雌产卵 33 ～ 67 粒。卵刚产下时为米黄色，孵化前变为黄褐色，眼点为红色。该虫为多食性害虫，成虫需吸食补充营养才能产卵，即吸食寄主植物嫩茎、嫩芽、顶梢、花器营养汁液，故产卵前期是为害的重要阶段。若虫孵化时从卵盖处钻出，从顶盖到虫体爬出需 15 分钟左右。初孵若虫为鲜黄色，5 ～ 6 小时后变为浅灰褐色。若虫共 5 龄，一龄若虫群聚性较强，聚集在卵块处不食不动，蜕皮后才开始分散取食活动。

　　斑须蝽发生与温湿度关系密切。冬季气温偏高，雨雪较多，利于成虫越冬。早春气温回升快，特别是 4 月中旬与 5 月上中旬气温偏高，产卵量多。夏季干旱、少雨，气温适宜（20℃～30℃），有利于虫害的发生与发展。田间环境也影响虫口密度，种植密度大，株、行间郁蔽，通风透光不好，易发生虫害；氮肥施用太多，生长过嫩，易发生虫害；重茬地，田间病残体多；肥力不足、杂草丛生的田块，肥料未充分腐熟的田块易发生虫害；地势低洼积水、排水不良、土壤潮湿易发生虫害。

【防治方法】

1．农业防治　移栽前或收获后，清除田间及四周杂草，集中烧毁或沤肥。深翻地灭茬、晒土，促使病残体分解，减少病源和虫源。选用排灌方便的田块，开好排水沟，达到雨停无积水，大雨过后及时清理沟系，防止湿气滞留，降低田间湿度，这是防虫的重要措施。合理密植，增加田间通风透光度。提倡施用酵素菌沤制的或充分腐熟的农家肥，不用未充分腐熟的肥料。采取测土配方技术，科学施肥，增施磷钾肥；重施基肥、有机肥，有利于减轻虫害。摘除卵块和尚未迁移扩散的低龄若虫，可减轻田间受害程度。

2．物理防治　利用成虫趋光性，诱杀成虫。在成虫发生期，特别是发生盛期，用20瓦黑光灯诱杀，灯下放1水盆，及时捞虫。

3．生物防治　该虫天敌种类较多，主要有华姬蝽、中华广肩步行虫、斑须蝽卵蜂、稻螟小黑卵蜂等，对控制其发生有一定作用。要重视保护利用天敌，特别要保护斑须蝽卵蜂和稻螟小黑卵蜂。投放天敌，有一定防虫效果，每667米^{2}释放黑足螟沟卵蜂1 000～1 500头，可提高自然寄生率6%～15%。也可使用生物制剂或特异性杀虫剂（灭幼脲，保幼激素）防治，可减少对天敌的杀伤。

4．化学防治　采取五点取样调查，当百株虫量20～30头，田间出现明显受害状时，应喷药防治，可选择喷洒下列药剂：20%灭多威乳油1 500倍液，90%敌百虫晶体1 000倍液，50%辛硫磷乳油1 000倍液，2.5%敌杀死乳油1 000倍液，2.5%鱼藤酮乳油 1 000 倍液，2.5% 功夫乳油 1 000 倍液，5% 锐劲特悬浮剂 2 000 倍液，25% 阿克泰乳剂 6 000 倍液，48% 乐斯本乳油 1 000 倍液，18.1% 富锐乳油 2 000 倍液，0.05% 异羊角水剂 1 000 倍液，3.5% 锐丹乳油 1 000 倍液，2.5% 溴氰菊酯乳油 3 000 倍液。喷药后 5 天，视情况可再补喷 1 次。

（二）长毛草盲蝽

【学　名】 *Lygus rugulipennis* Poppius。

【分　类】 昆虫纲，半翅目，盲蝽科。

【为害特点】 成虫隐藏在叶片之间取食，造成叶片组织坏死。也能在果实表面刺吸汁液，在果面形成不规则斑，降低果实商品品质（图 3-7、图 3-8）。

图 3-7　初期受害果

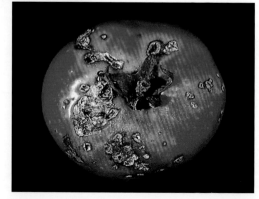

图 3-8　果面食痕

140

【形态特征】

1.卵　卵香蕉形，具卵盖，卵盖上有细长的角状突起，用作卵呼吸时气体交换的通道。卵产于寄主植物组织中，往往只有卵盖暴露在外。

2.若虫　体壁软弱，足及触角纤细。腹部只有第 3 ~ 4 腹节节间有臭腺开口（图 3-9）。

图 3-9　若　虫

3.成虫　身体质地比较脆弱。体色多样，有灰暗、黄褐色。头部多倾斜或垂直，侧叶短小，无单眼。触角 4 节，喙 4 节。前胸背板梯形，前端常以横沟划分出 1 狭窄的领圈。小盾片明显，其前方的中胸盾片后端常因未被前胸背板遮盖而露出，与小盾片连成一体。前翅爪片远伸过小盾片末端，爪片接合缝甚长。有楔片缝和楔片。膜片基部有 1 ~ 2 个封闭而完整的翅室，所占面积一般小于膜片一半。足多纤细，后足腿节有时加粗，适于跳跃。跗节 3 节。雄虫腹部末端形状两侧不对称，左右抱器的形状亦完全不同。雌虫产卵器针状（图 3-10、图 3-11、图 3-12）。

图 3-10　成　虫（背面）

图3-11 成 虫（侧面）

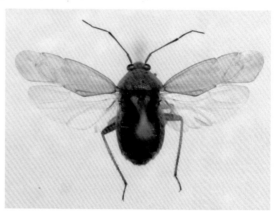

图3-12 成 虫
（展翅状态）

【发生规律】外来物种。北方1年发生3～4代，以成虫在杂草、枯枝落叶、土石块下越冬。翌春寄主发芽后出蛰活动，喜欢在嫩叶、嫩茎、花蕾上刺吸汁液，取食一段时间后开始交尾、产卵，卵多产在嫩茎、叶柄、叶脉或芽内。若虫共5龄。成、若虫喜白天活动，早、晚取食最盛，活动迅速，善于隐蔽。

【防治方法】

1. 农业防治　清除栽培田园及其周围杂草。生长期间及时中耕除草，开沟排水，并要合理施肥，避免偏施氮肥，防止植株生长过旺。

2. 药剂防治　第一代若虫发生期是药剂防治的关键时期。药剂可用 75% 乙酰磷乳油 1 000 倍液，50% 马拉硫磷乳油 1 000 倍液，80% 敌敌畏乳油 1 000 倍液，20% 菊·乐乳油 2 000 倍液，20% 杀灭菊酯乳油 3 000 倍液等均有良好效果。

二、鳞 翅 目

（一）棉 铃 虫

【学　名】 *Heliothis armigera* Hubner。

【分　类】 昆虫纲，鳞翅目，夜蛾科。

【为害特点】 以幼虫蛀食蕾、花、果，也为害嫩茎、叶和芽。

1. 果实　幼虫蛀食幼果，从萼片附近或果面开始蛀食（图 3-13）。之后幼虫钻入果实内部，在果面形成孔洞（图 3-14）。幼果常被吃空，或引起腐烂而脱落（图 3-15）。成果虽然只被蛀食部分果肉，但因蛀孔在蒂部，便于雨水、病菌流入引起腐烂。后期腐烂的果实失水，干缩，悬挂在分枝上（图 3-16）。

图 3-13　果面的啃食痕迹

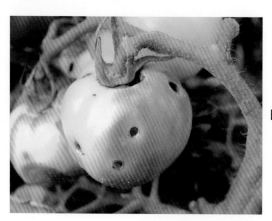

图 3-14　果面孔洞

图 3-15　果实
内部受害状

图 3-16 受害果腐烂

2. 茎　幼虫也会蛀食茎，多从分叉处开始蛀食，进入茎内部为害，在表面形成孔洞（图3-17）。雨水从孔洞进入茎后会引发腐烂。幼虫蛀食髓部，并排泄粪便，导致腐烂。茎受害部位以上萎蔫（图3-18）。

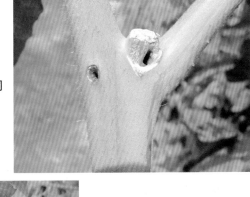

图3-17　受害茎上的孔洞

图3-18　受害茎内部症状

3. 叶片　低龄幼虫啃食叶片，仅留纤维部分（图3-19）。较大的幼虫咬食叶片，形成孔洞或缺刻（图3-20）。

图3-19　低龄幼虫为害状

图 3-20 幼虫咬食叶片

【形态特征】

1. 卵 半球形，高 0.52 毫米，直径 0.46 毫米，顶部微隆起。乳白色，表面布满纵横网纹，纵纹从顶部看有 12 条，中部 2 纵纹之间夹有 1～2 条短纹（图 3-21、图 3-22）。

图 3-21 产于果梗上的卵

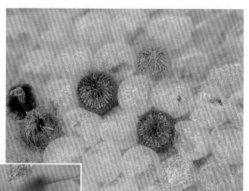

图 3-22 棉铃虫的卵

2. 幼虫　　共有 6 龄，老熟 6 龄虫长约 40 ~ 50 毫米，头黄褐色有不明显的斑纹。幼虫体色多变，分 4 个类型：其一，体色淡红，背线、亚背线褐色，气门线白色，毛突黑色。其二，体色黄白，背线、亚背线淡绿，气门线白色，毛突与体色相同。其三，体色淡绿，亚背线不明显，气门线白色，毛突与体色相同。其四，体色深绿，背线、亚背线不太明显，气门淡黄色。气门上方有 1 褐色纵带，是由尖锐微刺排列而成。幼虫腹部第 1、2、5 节各有 2 个毛突特别明显（图 3-23、图 3-24）。

图 3-23　中龄幼虫

图 3-24　不同体色的幼虫

147

3．**蛹** 长 17 ～ 20 毫米，纺锤形，赤褐至黑褐色，腹末有 1 对臀刺，刺的基部分开。气门较大，围孔片呈筒状突起较高，腹部第 5 ～ 7 节的点刻半圆形，较粗而稀（烟青虫气孔小，刺的基部合拢，围孔片不高，第 5 ～ 7 节的点刻细密，有半圆，也有圆形的）。入土 5 ～ 15 厘米化蛹，外被土茧（图 3-25）。

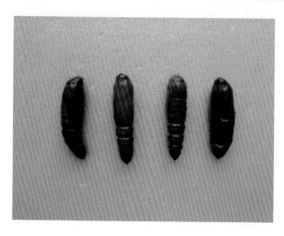

图 3-25 棉铃虫的蛹

4．**成虫** 中型蛾，体长 15 ～ 20 毫米，翅展 31 ～ 40 毫米。复眼球形，绿色（近缘种烟青虫复眼黑色）。雌蛾赤褐色至灰褐色，雄蛾青灰色。前翅，外横线外有深灰色宽带，带上有 7 个小白点，肾纹、环纹暗褐色。后翅灰白，沿外缘有黑褐色宽带，宽带中央有 2 个相连的白斑。后翅黄白色或淡褐色，前缘有 1 个月牙形褐色斑（图 3-26）。

图 3-26 雌性成虫

【发生规律】　全国各地均有发生。内蒙古、新疆1年发生3代，长江以北4代，华南和长江以南5～6代，云南7代。以蛹在土壤中越冬。5月中旬开始羽化，5月下旬为羽化盛期。第1代卵最早在5月中旬出现，多产于番茄、豌豆等作物上，5月下旬为产卵盛期。5月下旬至6月下旬为第1代幼虫为害期。6月下旬至7月上旬为第1代盛发期，6月下旬至7月上旬为第2代产卵盛期，7月份为第2代幼虫为害期。8月上中旬为第2代成虫盛发期，8月上旬至9月上旬为第3代幼虫为害期，部分第3代幼虫老熟后化蛹，于8月下旬至9月上旬羽化，产第四代卵，所孵幼虫于10月上中旬老熟，全部入土化蛹越冬。

成虫交配和产卵多在夜间进行，交配后2～3天开始产卵，卵散产于番茄的嫩梢、嫩叶、茎上，每头雌虫产卵100～200粒，产卵期7～13天。卵发育历期因温度不同而不同，15℃时6.14天，20℃时5.9天，25℃时4天，30℃时2天。初孵幼虫仅能将嫩叶尖及小蕾啃食成凹点，二至三龄时吐丝下垂，蛀害蕾、花、果，1头幼虫可为害3～5个果。幼虫具假死和自残性。幼虫有6龄，发育历期20℃时25天，25℃时22天，30℃时17天。老熟幼虫入土3～9厘米深筑土室化蛹，蛹发育历期20℃时28天，25℃时18天，28℃时13.6天，30℃时9.6天。

棉铃虫属喜温喜湿性害虫。初夏气温稳定在20℃和5厘米地温稳定在23℃以上时，越冬蛹开始羽化。成虫产卵适温23℃以上，20℃以下很少产卵。幼虫发育以25℃～28℃和相对湿度75％～90％最为适宜。在北方以湿度对幼虫发育的影响更显著，当月降雨量在100毫米以上、相对湿度60％以上时，为害较重；当降雨量在200毫米、相对湿度70％以上，则为害严重。但雨水过多，土壤板结，不利于幼虫入土化蛹并会提高蛹的死亡率。此外，暴雨可冲刷棉铃虫卵，亦有抑制作用。成虫需取食蜜源植物作为补充营养，第 1 代成虫发生期与番茄、瓜类等作物花期相遇，加之气温适宜，因此产卵量大增，使第 2 代棉铃虫成为最严重的世代。

【防治方法】

1. 农业防治　　冬前翻耕土地，浇水淹地，减少越冬虫源。根据虫情测报，在棉铃虫产卵盛期，结合整枝，摘除虫卵烧毁。3 龄后幼虫蛀入果内，喷药无效，此时可用泥封堵蛀孔。

2. 生物防治　　成虫产卵高峰后 3～4 天，喷洒 Bt 乳剂、HD－1 苏金杆菌或核型多角体病毒，使幼虫感病而死亡，连续喷 2 次，防效最佳。用苗蒿素杀虫剂 500 倍液也有较好防效。

3. 物理防治　　用黑光灯、杨柳枝诱杀成虫。

4. 药剂防治　　当百株卵量达 20～30 粒时即应开始用药，如百株幼虫超过 5 头，应继续用药。可选用下列药剂：2.5%功夫乳油 5 000 倍液，20%多灭威乳油 2 000 倍液，4.5%高效氯氰菊酯乳油 3 000 倍液，40%菊·杀乳油 3 000 倍液（不仅杀幼虫并且具有杀卵的效果），5%啶虫隆（抑太保、克福隆、氟啶脲）乳油 1 500 倍液，5%氟虫脲（卡死克）乳油 2 000 倍液，5%伏虫隆（农梦特、MK139、得福隆、四氟脲、氟苯脲）乳油 4 000 倍液，5%氟铃脲（盖虫散、六伏隆）乳油 2 000 倍液，20%除虫脲（灭幼脲 1 号、二福隆、伏虫脲、敌灭灵）胶悬剂 500 倍液，50%辛硫磷乳油 1 000 倍液，20%速灭杀乳油 2 000 倍液，50%杀螟松乳油 1 000 倍液，5%氟虫腈（锐劲特、威灭）悬乳剂 2 000 倍液，50%丁醚脲（宝路、杀螨隆、汰芬隆）可湿性粉剂 2 000 倍液，20%抑食肼（虫死净）可湿性粉剂 800 倍液，10%醚菊酯（多来宝）悬乳剂 700 倍液，10%溴氟菊酯乳油 1 000 倍液，20%溴灭菊酯（溴敌虫菊酯、溴氰戊菊酯）乳油 3 000 倍液，40%菊·马乳油 2 000 倍液，2.5%溴氰菊酯乳油 2 000 倍液，20%氰戊菊酯乳油 2 000 倍液喷雾。不常使用敌百虫的地区，可用 90%晶体敌百虫 1 000

倍液喷雾。一般在番茄第1穗果长到鸡蛋大时开始用药，每周1次，连续防治 3 ～ 4 次。

（二）烟 青 虫

【别 名】青虫、烟草夜蛾、烟夜蛾、烟实夜蛾。

【学 名】 *Heliothis assulta* Guenee。

【分 类】 昆虫纲，鳞翅目，夜蛾科。

【为害特点】 属蛀果类害虫，以幼虫蛀食花、果为害。为害果实时，整个幼虫钻入果内，啃食果皮、胎座，并在果内排留大量粪便，使果实不堪食用（图 3–27）。幼虫也能蛀茎为害，在茎表面形成孔洞（图 3–28）。有时也吃芽、叶。

图 3–27 果实受害状

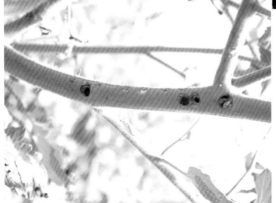

图 3–28 茎受害状

【形态特征】

1. 卵　　半球形，稍扁，底部平，高 0.4 ~ 0.44 毫米，宽 0.43 ~ 0.51 毫米。表面有 20 多条纵棱，一长一短，长短相间，呈双序式排列，构成长方形格子。卵孔明显。初产时乳白色，后为灰黄色，近孵化时为紫褐色（图 3-29）。

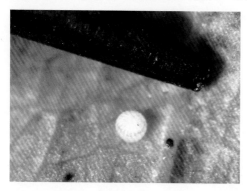

图 3-29　卵

2. 幼虫　　老熟幼虫体色变化大，有绿、青绿、红褐、暗褐、灰褐、绿褐等多种。体色在不同季节有不同变化，夏季一般为绿色或青绿色，秋季为暗褐色、赤褐色。老熟幼虫多为绿褐色，体长 31 ~ 41 毫米，头部黄褐色（图 3-30、图 3-31）。体表较光滑，体背常散生有白色点线，各节有瘤状突起，上生黑色短毛。胸部各节均有黑色毛片 12 个，腹部除末节外，每节有黑色毛片 6 个（图 3-32）。烟青虫与棉铃虫极近似，区别之处；成虫体色较黄，前翅上各线纹清晰，后翅棕黑色宽带中段内侧有 1 棕黑线，外侧稍内凹。

图 3-30　幼　虫

图 3-31 绿褐色幼虫

图 3-32 红褐色幼虫

2 mm

3. 蛹 纺锤形，长 15 ～ 18 毫米。黄绿色、黄褐色或暗红色。腹部 5 ～ 7 节。尾端具臀刺 2 根，基部相连。体前段显得粗短，气门小而低，很少突起。

4. 成虫 体长 15 ～ 18 毫米，翅展 27 ～ 35 毫米，体黄褐至灰褐色。前翅的斑纹清晰，内、中、外横线均为波状的细纹；眼状环纹位于内横线与中横线间，黑褐色；中横线的上半分叉，褐色的肾状纹即位于分叉间；外横线外方有 1 条褐色宽带，沿外缘有 1 列黑点，缘毛黄色。雄蛾前翅黄绿色，而雌蛾为黄褐至灰褐色。后翅近外缘有 1 条褐色宽带（图 3-33、图 3-34）。

153

图 3-33 成 虫（背面）

图 3-34 成
虫（腹面）

【发生规律】 1 年发生世代数因地区而异，东北地区 2 代，黄淮地区 3～4 代，西南、华南 4～6 代，广东 7～8 代。均以蛹在土中越冬。华北地区，越冬代成虫 5 月上旬羽化，第 1 代幼虫盛发期为 5 月下至 6 月上旬，第 2 代为 7 月上中旬，第 3 代为 8 月上中旬，第 4 代为 8 月下旬至 9 月上旬，第 5 代为 9 月中下旬。以第 2～4 代危害为主，世代重叠。于 10 月中下旬入土化蛹越冬。

幼虫白天怕光潜伏，夜间活动为害，有假死性和自残性。幼虫蛀果时在近果柄处咬成孔洞，钻入果实内啃食果肉和胎座，同时排泄粪便造成果实腐烂。烟青虫有转果为害的习性，1 头幼虫可为害 3～5 个果，造成大量落果和烂果。幼虫有假死及吐丝下坠的习性。

成虫昼伏夜出，白天多潜伏在植株叶背、枯叶或杂草丛中栖息，晚上和阴天活动。有一定的趋光性，但对波长为 333 纳米的黑光灯较敏感，对波长 350 纳米与 405 纳米、436 纳米相配合的双色黑光灯最敏感。对杨树、柳树的枯萎枝叶和糖醋液有正趋性。成虫产卵前必须吸取花蜜补充营养。成虫产卵多集中在夜晚 9 时至次日 1 时，以夜晚 11 时最盛行。前期成虫的卵多产在寄主植物中、上部叶片的正、反面叶脉处，后期多产在的果实、萼片或花瓣上。卵初产时为乳白色，后渐变黄，当卵顶部出现黑突时标志卵即将孵化，大部分卵在晚上 7 时～8 时和上午 6 时～9 时孵化。

烟青虫卵的孵化和幼虫发育需要足够的湿度，一般相对湿度在 70%～90% 时较有利。成虫在补充营养阶段，若有较多开花植物，特别是丝瓜和南瓜，可供取食花蜜，则产卵量明显增加，危害加重。

【防治方法】

1. 农业防治　在查清成虫主要越冬基地的情况下，冬耕及春耕均可以消灭大量越冬蛹，压低越冬虫源基数。烟青虫在各地均以蛹在土壤耕作层内越冬，冬耕可通过机械杀伤、暴露失水、恶化越冬环境、增加天敌取食机会等，收到灭蛹效果。秋耕翻地，也可消灭部分越冬蛹，且能阻止成虫羽化出土，使其窒息。田间化蛹期，结合田间管理可进行锄地灭蛹或培土闷蛹。定植后，于清晨 5 时～9 时，到田间巡查，当发现在顶部嫩叶上有新虫孔或叶腋内有鲜虫粪时，找出幼虫杀死。可在棚与棚之间种植 1 行烟草或玉米，诱使烟青虫在烟草或玉米上集中产卵，便于消灭。及时整枝打杈，把嫩叶、嫩枝上的卵及幼虫一起带出菜园烧毁或深埋，及时摘除虫果，消灭卵粒和幼虫。采用平衡施肥技术，增施磷钾肥，配施微量元素肥料，喷施叶面肥，避免过量施用氮肥造成徒长，增强植株抗病能力，也可有效减轻虫害的发生。

2．**物理防治**　利用成虫趋黑光灯特性，有条件的地方于成虫盛发期，在田间安装黑光灯诱杀成虫有一定的防治效果。

3．**生物防治**　用每克含孢子100亿左右的杀螟杆菌菌粉300～600倍液，或用每克含活孢子48亿以上的青虫菌菌粉400～500倍液，向心叶正反面喷洒，对三龄前幼虫防治效果较好。也可喷洒YYHA－273棉铃虫核多角体病毒，可使烟青虫和棉铃虫交叉感染。还可用Bt乳剂（含活孢子100亿个／克）250～300倍液喷洒。应选择在早晨或傍晚喷药，可使防治效果提高。

有条件的地区还可释放赤眼蜂等天敌，或释放、助迁草蛉、瓢虫等，也可有效抑制田间烟青虫的数量。

在成虫盛发期，利用成虫趋化性，可用糖醋液（糖：酒：醋：水 =6:1:3:10），或甘薯、豆饼发酵液加入少量敌百虫，放置烟田诱杀成虫。

在烟青虫发蛾高峰期，利用成虫对杨树、柳树、洋槐树、意杨树等挥发物具有趋性，白天在树枝把内隐藏的特点，在成虫羽化、产卵时，摆放树枝把诱蛾，是行之有效的方法。把杨树或柳树枝条先剪成0.67米长，每5～10根捆成1把，基部一端绑木棍，插入棚内。通常每667米^{2}插上10把，每4～5天换1次，每天早晨露水未干时，用塑料袋套住树枝把，抖出成虫集中杀灭。

在烟青虫成虫发生期间，用烟青虫性诱剂诱杀雄蛾，可降低雌蛾产卵量。

4．**药剂防治**　关键是要在孵化盛期至二龄幼虫发生期前防治，把幼虫消灭在蛀入果实之前。一旦幼虫蛀入果实，药剂防治的效果很差。当田间成虫量开始突然增加时，表明进入了发蛾盛期，经过3～5天即为田间产卵盛期，再过3～4天即为幼虫孵化盛期，即应开始喷药。也可在定植后先进行田间调查，当10%植株受烟青虫侵害后开始采取防治措施。可选用下列药剂喷雾：90% 晶体敌百虫 1 000 倍液，50% 杀螟松乳油 1 000 倍液，　50% 辛硫磷乳油 1 500 倍液，80% 敌百虫可溶性粉剂 1 000 倍液，2.5% 溴氰菊酯乳油 2 000 倍液，20% 氰戊菊酯乳油 2 000 倍液，2.5% 功夫菊酯乳油 2 000 倍液，5% 顺式氰戊菊酯（来福灵）乳油 2 000 倍液，10% 氯氰菊酯乳油 2 000 倍液，0.8% 甲胺基阿维菌素（方除）乳油 2 000 倍液，10% 虫螨腈（除尽）悬浮剂 2 000 倍液，5% 虱螨脲（美除）乳油 1 000 倍液，24% 甲氧虫酰肼（美满）悬浮剂 1 000 倍液，2.5% 多杀霉素（菜喜）悬浮剂 1 500 倍液，48% 毒死蜱（乐斯本）乳油 1 000 倍液，2.5% 联苯菊酯（天王星）乳油 2 500　倍液，5% 氟啶脲（抑太保）乳油 2 000　倍液，5% 氟虫腈（锐劲特）悬浮剂 2 000 倍液等。以上药剂任选 1 种交替使用。

三、双　翅　目

（一）美洲斑潜蝇

【别　名】　美洲甜瓜斑潜蝇、蔬菜斑潜蝇、苜蓿斑潜蝇、蛇形斑潜蝇、甘蓝斑潜蝇等。

【学　名】　*Liriomyza sativae* Blanchard。

【分　类】　昆虫纲，双翅目，禾蝇总科，潜蝇科。

【为害特点】　成虫、幼虫均可危害，尤为幼虫危害更甚。

雌成虫以产卵器刺伤叶片的上表皮，把刺孔作为取食汁液和产卵的场所，卵散产在叶表皮下，一般 1 个产卵孔中仅 1 粒卵，乳白色。雄成虫不能刺伤叶片，但可取食雌成虫刺伤点中的汁液。产卵后叶面上可见到大量的灰白色小斑点。产卵痕为长椭圆形、较饱满、透明；　而取食痕略凹陷，呈扇形或不规则圆形，叶片伤口中仅有 15% 左右为产卵痕（图 3–35）。

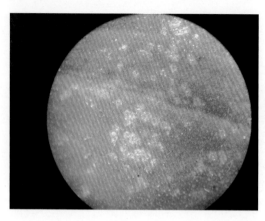

图 3—35 成虫的产卵痕及取食痕

幼虫孵化后潜食叶肉，每 1 条蛀虫道中 1 头幼虫，最初酷似"逗号"，初期虫道呈不规则线状伸展，老虫道后期出现棕色的干斑块区，整个虫道逐渐形成带湿黑和干褐区域的白色蛇形潜道。随着虫体的增大，隧道逐渐变宽，1 头老熟幼虫 1 天可潜食 3 厘米左右（图 3—36）。

图 3—36 幼虫蛀食形成的隧道

幼虫仅为害叶片的栅栏组织，不为害下部的海绵组织，故仅在叶片正面可见虫道。虫道内有交替排列的整齐的黑色短条状粪便，使虫道通常呈连续的微细的黑色线纹或呈断线状（图 3—37）。老熟幼虫在虫道端部咬破叶片表皮爬出，少部分留在叶面，大部分坠落到土地表面，身体缩短为预蛹，2 ～ 4 小时后化蛹。

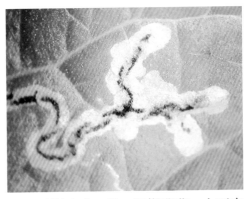

图 3-37　目视可见
隧道内幼虫及粪便

受害叶片隧道相互交叉，逐渐连成一片，逐渐萎蔫，上下表皮分离、干枯，叶片光合能力锐减，过早脱落或枯死，最后全株死亡（图 3-38）。刺孔和被咬伤部位还易引起病原微生物的入侵，导致病害的发生和蔓延。

图 3-38　隧道连片

【形态特征】

1. 卵　乳白色至米黄色，半透明，椭圆形，0.2 ~ 0.3 毫米 ×0.1 ~ 0.15 毫米（图 3-39）。

图 3-39　卵

2. 幼虫 幼虫为无头蛆，有 3 个龄期。一龄幼虫初无色，较透明，后变为乳白色（图 3-40）。二龄和三龄幼虫为鲜黄色或浅橙黄色，蛆状，呈椭圆形，长 2.5～3 毫米，粗 1.0～1.5 毫米。老熟幼虫长 3～4 毫米，其腹末圆锥形气门顶部有 3 个小球状突起，各具 1 开口，为后气门孔（图 3-41）。

图 3-40 幼虫
（一龄，1 毫米）

图 3-41 老熟幼虫
（三龄，3 毫米）

3. 蛹 椭圆形，浅橙黄色至金黄色，腹面稍扁平，1.3～2.3 毫米 ×0.5～0.75 毫米，蛹后气门 3 孔（图 3-42）。

图 3-42 蛹（放大）

4. 成虫　体形很小，体长 2.0～2.5 毫米，翅展 1.3～2.3 毫米。浅灰黑色，胸背板亮黑色，体腹面黄色，后缘小盾片鲜黄色，比南美斑潜蝇大。足和体下部淡黄褐色，腹部每节黑黄相间，体侧面看黑黄色，约各占一半。头黄色，复眼酱红色。雌虫比雄虫稍大（图 3-43、图 3-44）。

图 3-43 成　虫（俯视）

图 3-44 成虫交尾

161

【发生规律】 美洲斑潜蝇在北方自然条件下不能越冬，保护地是该虫越冬的主要场所。该虫在温暖的南方和北方温室条件下，全年都能繁殖。南方1年可发生14～17代。发生期为4～11月，发生盛期有两个，即5月中旬至6月和9月至10月中旬。世代周期随温度变化而变化，15℃时约54天，20℃时约16天，在25℃～32℃条件下从卵—幼虫—蛹—成虫，完成1个世代只须13～18天。该虫发育周期短，繁殖能力极强，世代重叠严重，通常卵经2～5天孵化，幼虫期3～7天，蛹经7～14天羽化为成虫，成虫寿命5～8天。

美洲斑潜蝇为杂食性，危害大。初孵幼虫潜食叶肉，主要取食栅栏组织并形成隧道，隧道端部略膨大。老龄幼虫咬破隧道的上表皮爬出道外，在叶面上或随风落地化蛹。

成虫羽化高峰在上午8～11时，成虫一般早晚行动缓慢，于白天8～14时频繁活动，中午活跃。成虫具有趋光、趋绿和趋化性，对黄色趋性很强。有一定飞翔能力。成虫吸取叶片汁液，取食并寻偶交配，交配后雌成虫当天可产卵于叶肉中。美洲斑潜蝇喜欢在已伸展开的第3、4片叶上产卵，随着寄主植物的生长，逐渐向上转移，一般不越叶位产卵，也不喜欢将卵产在顶端的嫩叶上。每只雌成虫产卵70～120粒，产卵高峰在羽化后3～7天。

美洲斑潜蝇是喜温性害虫，完成1个世代需有效积温179.9℃，在20℃～30℃范围内随着气温的升高，繁殖加快，世代历期缩短，发生量急剧增加。自然情况下，空气相对湿度60%～80%对该虫发生、繁殖有利。大雨、暴雨的冲刷可使成虫和蛹死亡，高温干旱的天气对其发生有明显的抑制作用。

美洲斑潜蝇的远距离传播，主要是人为调运带有该虫的植物或植物产品，而使它依靠卵、幼虫随寄主植物、带叶的瓜果、蔬菜而传播；田间的近距离传播，主要是通过成虫迁移或随气流扩散，但其扩散能力差。

【防治方法】

1. 农业防治

（1）翻地灭蝇　种植前深翻菜地，活埋地面上的蛹，将有蛹表层土壤深翻到 20 厘米以下，以降低蛹的羽化率。发生盛期，可通过中耕松土灭蝇。

（2）清洁田园　当虫量极少时，捏杀叶内活动的幼虫，或结合栽培管理人工摘除呈白纸状的被害叶。在发生高峰时，及时清洁田园，摘除带虫叶片集中深埋、沤肥或烧毁。化蛹高峰（50%）后 1 ～ 2 天内搜集清除叶面及地面上的蛹，集中销毁。蔬菜收获后，及时彻底清除棚室内有虫的残枝落叶及田园和周边杂草，并作为高温堆肥的材料或烧毁、深埋，减少虫源。

（3）合理布局　一方面要避免嗜好寄主植物大面积连片种植，扩大非嗜好作物的种植面积；另一方面在非嗜好作物的田边或田间套种几行嗜好作物作为诱虫带，集中防虫。此外还应注意嗜食性寄主与非寄主或劣食性寄主的轮作。

2. 物理防治

（1）低温冷冻　在冬季 1 月份育苗之前，将棚室敞开，昼夜大通风，在低温环境中 7 ～ 10 天，自然冷冻，可消灭越冬虫源。

（2）高温闷棚　夏季高温期，在上茬作物收获完后，先不清除残株，将棚室全部密闭，昼夜闷棚 7 ～ 10 天，棚室内在晴天白天可达 60℃以上，可杀死大量虫源，之后再清除棚内残株。

（3）黄板诱杀　利用美洲斑潜蝇的趋黄性，在成虫盛期，制作 20 厘米 ×30 厘米的黄板，涂抹机油或粘虫液，在棚室内每隔 2 ～ 3 米挂 1 块，保持黄板的悬挂高度始终在作物顶部 20 ～ 30 厘米处，并定期涂机油保持黄板粘性，3 ～ 4 天更换或清理 1 次。

蓝色粘板效果更佳（黄色对白粉虱、蚜虫效果佳）。也可用灭蝇纸条诱杀成虫。

（4）灯光诱杀　利用其趋光性，使用杀虫灯诱杀。

（5）纱网防虫　温室或大棚的通风口用 20～25 目尼龙纱罩住，防止外界成虫进入。

3. **生物防治**　美洲斑潜蝇天敌达 17 种，其中以幼虫期寄生蜂效果最佳，利用寄生蜂防治，在不用药的情况下，寄生率可达50% 以上。姬小蜂、反领茧蜂、潜蝇茧蜂对斑潜蝇寄生率较高。此外椿象可食用美洲斑潜蝇的幼虫和卵。因此应适当控制施药次数，选择对天敌无伤害或杀伤性小的药剂，保护寄生蜂的种群数量，是控制美洲斑潜蝇的最经济有效的措施。

4. **药剂防治**

（1）烟剂熏杀成虫　在棚室虫量发生数量大时，每 667 米^{2}用 10% 敌敌畏烟剂 500 克，或 10% 氰戊菊酯烟剂 500 克熏杀，7天左右 1 次，连续用 2～3 次。

（2）叶面喷雾杀幼虫　要掌握好羽化高峰期进行喷药，时间宜在上午 8～11 时，在一至二　龄幼虫盛发期，即虫道长度在2.2 厘米以下时用药。喷药时应顺着植株从上往下喷，以防成虫逃跑，尤其要注意叶片正面着药和药液的均匀分布（若是南美斑潜蝇则需对叶的正反两面进行喷雾）。可选择喷洒的药剂有：1.8%爱福丁乳油 2 500 倍液，98% 巴丹原粉 2 000 倍液（对天敌安全），95% 杀虫丹可溶性粉剂 800 倍液，20% 斑潜净可湿性粉剂 1 500 倍液，75% 灭蝇胺可湿性粉剂 5 000 倍液，5% 抑太保乳油 2 000 倍液，1.8%阿维菌素乳油 2 500 倍液，40%齐敌畏（绿菜保）乳油1 000 倍液，48% 乐斯本乳油 1 000 倍液，25% 杀虫双水剂 500 倍液，50% 蝇蛆净（主要成份：环丙氨嗪）粉剂 2 000 倍液，5% 氟虫脲（卡死克）乳油 2 000 倍液，20%丁硫克百威乳油 1 000 倍液等。喷药时力求均匀,使药剂充分渗透叶片,杀死幼虫。每隔 7 天左右 1 次,连续喷药 2 ～ 3 次。

（二）南美斑潜蝇

【别　名】　拉美斑潜蝇。

【学　名】　*Lirimyza huidobrensis* (Blanchard)。

【分　类】　昆虫纲,双翅目,芒角亚目,潜蝇科。

【为害特点】　成虫用产卵器把卵产在叶中,孵化后的幼虫在叶片上、下表皮之间潜食叶肉,嗜食中肋、叶脉,食叶成透明空斑,严重影响叶片光合作用。该虫幼虫常沿叶脉形成隧道,幼虫还取食叶片下层的海绵组织,从叶面看隧道常不完整,初期呈蛇形,但后期形成虫斑,别于美洲斑潜蝇隧道（图 3-45）。成虫产卵取食时造成伤斑,使叶片的叶绿素细胞和叶片组织受到破坏,受害严重时,叶片失绿变成白色。

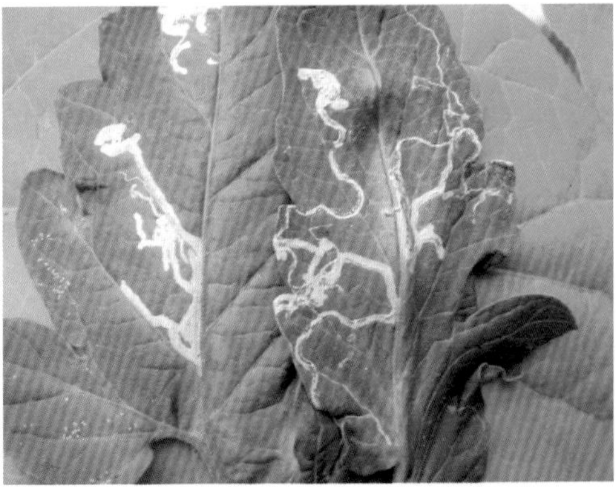

图 3-45　隧道沿叶脉分布且不完整

【形态特征】

1. 卵　椭圆形,乳白色,微透明,散产于叶片表皮之下。

2. 幼虫　幼虫蛆状,初孵时半透明,后为乳白色。老熟幼虫体长 23 ～ 32 毫米,头部及胸部前端黄色,腹面略扁平,椭圆形,虫体大部为白色,口针黑色,后气门突具 6 ～ 9 个气孔开口（图 3-46）。

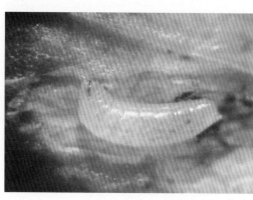

图 3-46　幼　虫

3. 蛹　　初期呈黄色，逐渐加深为淡褐色直至呈深褐色，比美洲斑潜蝇颜色深且体型大，大小为 15 ～ 25 毫米 ×0.5 ～ 0.75 毫米。后气门突起与幼虫相似（图 3-47、图 3-48）。

图 3-47　隧道内的蛹

图 3-48　蛹

4. 成虫　体长 1.7 ~ 2.25 毫米。额明显突出于眼，橙黄色，上眶稍暗，内外顶鬃着生处暗色，上眶鬃 2 对，下眶鬃 2 对，颊长为眼高的 1/3，中胸背板黑色稍亮。后角具黄斑，中鬃散生呈不规则形，4 行，中侧片下方 1/2 ~ 3/4 部分甚至大部分黑色，仅上方黄色。足基节黄色具黑纹，腿节基本黄色但具黑色条纹直到几乎全黑色，胫节、跗节棕黑色（图 3-49、图 3-50）。

图 3-49　成　虫（俯视）

图 3-50　成　虫（侧视）

【发生规律】

1. 生活史　南美斑潜蝇 1 年代数与环境和地域有关。以北京周边为例，在温室中大约 1 年发生 10 ~ 13 代，露地大约 1 年发生 5 ~ 6 代，其中，成虫期 1 ~ 3 天，卵期 3 ~ 6 天，幼虫期 3 ~ 8 天，蛹期 7 ~ 10 天；在夏秋季完成 1 代通常需要 15 ~ 25 天，

3 ～ 5 月和 8 ～ 10 月是两个发生高峰期。

2. **生活习性** 雌成虫用产卵器刺伤叶片产生刺伤点，作为取食和产卵场所，雄虫不能产生自己的刺伤点，以雌虫产生的刺伤点取食。羽化高峰 7 ～ 14 时，早晚行动迟缓，9 ～ 16 时活跃。刚出蛹壳的成虫体软，色淡黄，有趋光性。一般雄虫比雌虫先羽化，羽化后 24 小时内交尾。雌虫多在羽化后 24 ～ 72 小时内产卵，产卵前期因受寄主、温度不同而异，长的达 5 天。产卵时雌虫用产卵器刺伤寄主叶片，将卵产于叶片表皮下组织内，卵散产在叶柄、叶脉或叶面任何部位，1 片叶上少的 7 ～ 8 粒，多的达 20 ～ 30 粒。产卵期 3 ～ 5 天。一般每头雌虫可产卵 80 ～ 200 粒。成虫产卵取食活动多在白天，尤以 8 ～ 10 时和 16 ～ 18 时最为活跃，因而喷药防治最好选择在上午活跃时进行。寿命一般在 3 ～ 15 天。幼虫孵化后立即取食，至直准备出叶前才停止取食，多取食叶背面叶肉的栅栏组织。幼虫经 4 龄。刚孵化的幼虫只有针尖大小，无色，不易发现，整个一龄几乎是透明状白色；二至三龄由乳白至淡黄色；四龄停止取食，是围蛹形成到化蛹阶段的过渡。一个潜道内只有 1 头幼虫。蛹老熟幼虫准备化蛹时停止取食，常在叶背潜道末端或附近叶表面之上劈开 1 个半圆形的开口，爬出潜叶道粘在叶背或落入土中化蛹，偶尔爬出潜叶道末端化蛹。老熟幼虫从爬出到化蛹（前蛹期）大约需 40 ～ 120 分钟。初化蛹时为乳白色，后为黄褐或黑褐色。

3. **发生条件** 南美斑潜蝇发育适温为 22℃，气温升至 30℃以上时，虫口密度下降，6 ～ 8 月份雨季虫量也较低。

【防治方法】

1. **植物检疫** 检疫是防止该虫传播的有效方法，要坚持开展此项工作。重点对蔬菜收购点、集贸市场进行检疫，凡是从南美斑潜蝇发生地调运蔬菜、花卉，当地植物检疫部门按照检疫技术规程进行抽样检查，严禁叶菜类蔬菜调出。对无虫区进行重点保护，严禁从疫区调运蔬菜销售，控制南美斑潜蝇向未发生区蔓延。

2. 农业防治　与其他作物轮作，尽量避免连作。调整布局，在疫情发生重的田块，尽量避免种植嗜食寄主作物，以求达到断代杀虫的目的。清洁田园和深翻，认真处理前茬作物的残体、枝茎及落叶等，清除地边杂草。蔬菜收获后深翻土地，消灭虫蛹。生长期间，经常摘除植株中、下部老黄叶，及时烧毁。

3. 物理防治　在设施内悬挂灭蝇纸诱杀。在成虫发生始盛期至末期，每 667 米^2 设置 15 个诱杀点，每点放置 1 张诱蝇纸，每 3～4 天更换 1 次。也可使用斑潜蝇诱杀卡，使用时，将诱杀卡揭开，挂在成虫数量多的地方，每 15 天更换 1 次。还可自制黄板诱杀，在室内设置黄色诱虫板（带），涂橙黄色，并抹机油，挂在行间诱虫成虫。

4. 药剂防治　在发生的早期选择消灭幼虫的药剂喷雾，如 36% 克螨蝇乳油 1 000 倍液，50% 杀螟丹可湿性粉剂 1 500 倍液，20% 杀虫双水剂 800 倍液，1.8% 阿维菌素乳油 4 000 倍液，1% 甲胺基阿维菌素乳油 4 000 倍液，20% 氟幼灵悬浮剂 8 000 倍液，48% 乐斯本（毒死蜱）乳油 1 000 倍液等。消灭成虫可使用 10% 氯氰菊酯或 5% 高效氯氰菊酯乳油 1 500 倍液等。喷药时一定仔细，使每一叶片均匀着药。

四、缨翅目

（一）棕榈蓟马

【别　名】　节瓜蓟马、瓜蓟马、棕黄蓟马、南黄蓟马。

【学　名】　*Thrips palmi* Karny。

【分　类】　昆虫纲，缨翅目，蓟马科。

【为害特点】　以成、若虫锉吸心叶、嫩茎、幼果汁液，多生活在嫩梢、叶片及果实上或在花中取食花粉、花蜜。卵产在花的基部、嫩叶或子房的组织中。进食时会造成叶、花、果的损伤。

1. 叶片　成虫或幼虫在叶片背面为害，受害叶正面出现白色或浅绿色不规则小斑（图3-51）。叶背叶肉往往被啃食出2毫米左右的不规则形或近圆形斑，有金属光泽（图3-52）。后期受害斑连片，叶片干枯。

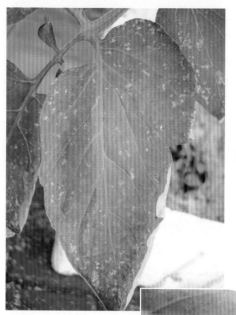

图3-51　叶面白色小斑

图3-52　叶背受害状

2．果实　成虫会将卵产在番茄开花期的子房组织中，使幼果、青果受害部位形成白色肿胀状凸起的产卵瘢痕，瘢痕中心部位有一个褐色的斑点（图3-53）。之后，褐色斑点周围果肉变白，略凸起，范围逐渐扩大，近圆形，直径1～2厘米或更大，一个果上有多个白色肿胀斑，有的重叠在一起，疑似番茄溃疡病的鸡眼斑，在果实膨大的同时，白斑部也明显增大（图3-54）。中心是一个空洞，周围有褐色分泌物，由此可见，白色肿胀症是蓟马在番茄开花期的子房组织中产卵所致。受害果实着色不良，即使到成熟时仍有部分果肉不能正常转色，形成果面有绿斑的花斑果（图3-55）。有时，成虫也会在果面直接锉食果肉，形成圆形凹陷斑，最终可能导致果实开裂或腐烂（图3-56）。

图3-53　果面的产卵瘢痕

图3-54　围绕产卵痕的白斑

图 3-55　受害果实着色不良

图 3-56　成虫锉食果肉

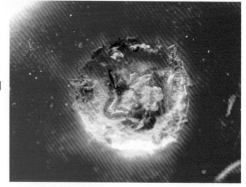

3. 植株　被害植株的嫩叶、嫩梢变硬缩小，绒毛呈灰褐色或黑褐色，植株生长缓慢，节间缩短，后期叶片卷曲、变黄、干枯，植株枯死（图 3-57、图 3-58）。

图 3-57　初期受害状

图 3-58　严重受害的植株

【形态特征】

1. 卵　长约 0.2 毫米，长椭圆形，淡黄色，产卵于幼嫩组织内。

2. 若虫　一、二龄若虫淡黄色，无单眼及翅芽；三龄若虫淡黄白色，无单眼，翅芽达 3、4 腹节（图 3-59、图 3-60）；四龄淡黄白色，单眼 3 个，翅芽伸达腹部的 3/5。

图 3-59　棕榈蓟马三龄若虫

图 3-60　聚集在叶背为害的若虫

173

3. 成虫 雌成虫体长 1.0 ~ 1.1 毫米，雄虫 0.8 ~ 0.9 毫米，黄色。触角 7 节，第 1、2 节橙黄色，第 3 节及第 4 节基部黄色，第 4 节的端部及后面几节灰黑色。单眼间鬃位于单眼连线的外缘。前胸后缘有缘鬃 6 根，中央两根较长。后胸盾片网状纹中有 1 明显的钟形感觉器。前翅上脉鬃 10 根，其中端鬃 3 根，下脉鬃 11 根。第 2 腹节侧缘鬃各 3 根；第 8 腹节后缘栉毛完整（图 3-61、图 3-62）。

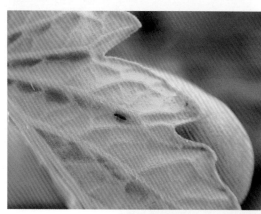

图 3-61 在叶背为害的成虫

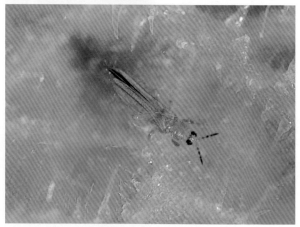

图 3-62 自然状态成虫

【发生规律】

1. 生活史　在南方1年发生20代以上，终年繁殖。东北地区，1年发生15代以上，以成虫在茄科、豆科蔬菜及杂草上、土缝中或枯枝落叶间越冬，春、夏、秋三季主要发生在露地，冬季主要发生在温室大棚中。4月下旬至5月上旬发生种群数量增加，6月中旬至7月中旬进入发生和危害高峰，发育速度快，从卵到成虫不到1周时间。

2. 生活习性　一、二龄若虫在寄主的幼嫩部位穿梭活动，活动十分活跃，躲在这些部位的背光面，锉吸汁液。三龄若虫末期不取食，行动缓慢，落到地上，钻到3～5厘米的土层中。在平均气温23.2℃～30.9℃时，三、四龄所需时间3～4.5天。四龄若虫在土中化蛹。

羽化后成虫飞到植株幼嫩部位为害。成虫行动敏捷，能飞善跳，能借助气流作远距离迁飞。成虫怕强光，白天隐藏在生长点、未张开的叶上、叶背和花内等背光场所危害，阴天、早晨、傍晚和夜间才在寄主表面活动。蓟马具有趋蓝性。雌成虫既能进行两性生殖，又能进行孤雌生殖，以孤雌生殖为主，极难见到雄虫。卵产于生长点、嫩叶、幼果和幼苗组织内。每只雌成虫产卵22～35粒，卵期6～7天。

3. 发生条件　蓟马喜欢温暖、干旱的环境，其生长的适宜温度为23℃～28℃，适宜湿度为40%～70%。湿度过高不能存活，当湿度达100%、温度达31℃时，若虫全部死亡。在雨季，如遇连阴多雨天气，可导致若虫死亡。大雨后或浇水后土壤板结，致使若虫不能入土化蛹，蛹不能孵化成虫。

【防治方法】

1. 农业防治　清除越冬场所，搞好扣棚前的灭虫工作。前茬收获后，把茎、叶连同大棚周围杂草一起清理干净，进行粉碎沤肥、深埋或烧毁以减少虫源。要连片种植，不要与其他寄主植物混栽，避免棕榈蓟马在其中互相转移，造成严重为害。棚内土壤深翻 25 ～ 30 厘米，把表土层翻到下面。露地和设施栽培地采用地膜覆盖，减少出土成虫的为害。大面积种植区采用喷灌的方法，以冲刷植株表面的成虫和若虫，抑制其数量的发展，减轻为害。

2.生态防治　棕榈蓟马对温差敏感，冬季在蔬菜定植前 15 ～ 20 天，将温室密封 8 ～ 10 天后，当土壤中若虫化蛹出土时，夜间将温室通风降温，使其致死，反复几次，土壤中蓟马可杀死 90% 以上。

3.物理防治　蓝板诱杀，原理是利用蓟马的趋蓝性，将涂胶（也可以涂凡士林、黄油等）的蓝板悬挂于田中作物上方约 10 厘米处，引诱蓟马飞向蓝板，利用粘胶将其黏住捕杀，从而控制其危害。无毒无害、安全环保。目前，生产上应用的蓝板有普通蓝板和安装诱芯（引诱剂）的蓝板。诱芯（引诱剂）是一种蓟马喜欢的香味剂，能更好地吸引蓟马扑向蓝板，提高诱杀效果。一般制成橡皮头形状，使用时安装于蓝板中央。诱芯有挥发性，开袋后立即安装使用。田间蓟马开始发生，虫口数量较少时开始使用，一直到收获结束，连续使用 3 ～ 4 个月。一般每 667 米^2 挂置 20 ～ 30 片。

4.药剂防治

（1）土壤处理　幼苗移栽前对土壤用辛硫磷颗粒剂进行处理，按 667 米^2 用 5% 辛硫磷颗粒剂 1.5 千克对细土 50 千克制成毒土均匀施入土壤中，结合栽苗实施地膜覆盖，可防治土壤中越冬成虫并兼治其他地下害虫。

（2）生长期喷雾　检查每棵植株生长点或心叶，当发现有成虫 3 ～ 5 头时，用药防治。可选用如下药剂：2.5% 多杀霉素悬浮剂 1 000 倍液，6% 乙基多杀霉素悬浮剂 1 000 倍液，10% 烯啶虫胺水剂1500倍液，48%噻虫啉悬浮剂500倍液，25%吡蚜酮可湿性粉剂5000倍液，10%啶虫脒乳油500倍液，25%阿克泰水分散粒剂1500倍液，2%甲维盐乳油750倍液，1.8%阿维菌素乳油500倍液，20%丁硫克百威乳油750倍液，5%吡虫啉乳油1500倍液。每隔5天喷1次，连续防治2次。于上午10至下午2时施药，施药时要均匀周到，地面也要喷药，重点在幼嫩组织如花、幼果、顶尖及嫩梢等部位。收获前7天停止施药。

（二）西花蓟马

【别　名】　西方花蓟马，苜蓿蓟马。

【学　名】　*Frankliniella occidentalis*（Pergande）。

【分　类】　昆虫纲，缨翅目，蓟马科。

【为害特点】　西花蓟马以特殊的锉吸式口器刺吸取食番茄茎、叶、花、果汁液。对叶片为害从子叶期开始，随植株的生长自下而上进行。导致叶片上形成白色或黄色点状小斑，直径1毫米左右，似斑点病害，后期斑点连片，叶背则有黑色虫粪，之后叶片皱缩卷曲，甚至黄化、干枯、凋萎，影响光合作用（图3-63）。花器呈白斑点或变成褐色。果实受害，果面形成针尖状刻点，周围形成白斑（图3-64、图3-65、图3-66）。该虫最终可能使植株枯萎，同时还传播番茄斑萎病毒在内的多种病毒。

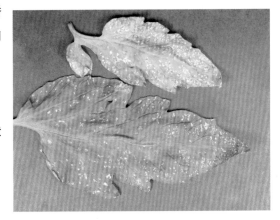

图3-63　叶片受害状

图 3-64　果面出现凹点

图 3-65　凹点周围出现白斑

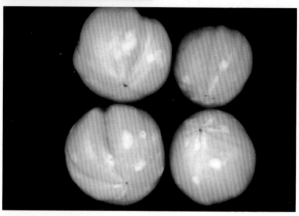

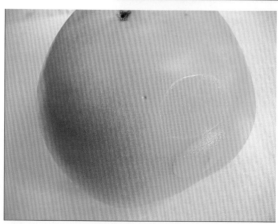

图 3-66　受害部位深及中果皮

【形态特征】

1.卵　非常小,长约0.55毫米、宽约0.25毫米。白色、不透明,肾形。卵通常单个分散产于叶面,但有时也会沿着叶脉成行产。

2.幼虫　一龄幼虫刚孵化时为白色或半透明色,然后逐步变为黄色、橙色、深红色及紫色。一龄幼虫虫体包括头、3个胸节、11个腹节,眼浅红;在胸部有3对结构相似的胸足,但没有翅芽。二龄幼虫为淡黄色,长1毫米左右(图3-67)。

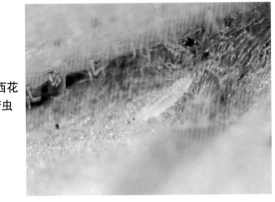

图3-67　西花蓟马二龄若虫

3.蛹　前蛹(三龄)和伪蛹(四龄)都具有发育完好的胸足。前蛹具有翅芽及发育不完全的触角。前蛹蜕皮后成为伪蛹。伪蛹在头部具有发育完全的触角、扩展的翅芽及伸长的胸足,虫体同成虫大小相似。

4.成虫　雄成虫体长0.9～1.1毫米,雌成虫略大,长1.3～1.4毫米。触角8节,第二节顶点简单,第三节突起简单或外形轻微扭曲。身体颜色从红黄到棕褐色,腹节黄色,通常有灰色边缘。腹部第8节有梳状毛。头、胸两侧常有灰斑。眼前刚毛和眼后刚毛等长。前缘和后角刚毛发育完全,几等长。翅发育完全,边缘有灰色至黑色缨毛,在翅折叠时,可在腹中部下端形成1黑线。翅上有两列刚毛。冬天的种群体色较深(图3-68)。

图 3-68　成　虫

【发生规律】　在温室内的稳定温度下，1 年可连续发生 12～15 代，雌虫行两性生殖和孤雌生殖。

西花蓟马繁殖能力很强，个体细小，极具隐匿性，一般田间防治难以有效控制。在通常的寄主植物上，发育迅速，且繁殖能力极强。

在 15℃～35℃均能发育，从卵到成虫只需 14 天；27.2℃产卵最多，1 只雌虫可产卵 229 粒。西花蓟马远距离扩散主要依靠人为因素。种苗、花卉及其他农产品的调运，尤其是切花运输及人工携带是其远距离传播的主要方式。其生存能力强，经过辗转运销到外埠后西花蓟马仍能存活。另外，该害虫很容易随风飘散，易随衣服、运输工具等携带传播。

【防治方法】

1. 加强检疫　近年来，蓟马在我国北方设施栽培作物上突然严重发生，并造成明显危害。因此，应迅速对西花蓟马在我国的分布情况展开调查，并采取隔离等措施，不同地区之间调用种苗，要严格进行检疫。

2. 农业防治　该虫寄主广泛，越冬、越夏场所多样，因此要清洁田园、清除杂草和农田周围残枝落叶。将寄主植物与生长较快的非寄主谷类作物间作，限制该虫的移动，减少其取食危害，阻碍西花蓟马和病毒的传播。

3．生物防治 该虫的自然天敌较多，主要有花蝽、捕食螨、寄生蜂、寄生性真菌和昆虫病原线虫等。

（1）螨类 螨类是防治该害虫较常见的天敌，不同的螨类天敌结合起来可获得较高的防治效果。其中，胡瓜钝绥螨、巴氏钝绥螨，对一至二龄若虫有较好的防治效果。不纯钝绥螨可用于冬季防治西花蓟马。加州钝绥螨对西方花蓟马也都具有很好的捕食效果。

（2）蝽类 由于捕食蝽捕食量大、效率高，对成虫和幼虫均有较好的捕食效果，在西花蓟马种群密度高时释放效果明显。其中，狡诈花蝽（*Orius insidiosus*）最适合西花蓟马高速扩散时期的防治。此外还有盲蝽、肩毛小花蝽等。

（3）寄生蜂类 蓟马的寄生性天敌均属于小蜂总科，大多都是卵或若虫期寄生蜂。

（4）寄生性真菌类 寄生性真菌类对天敌安全，一般连续喷洒2次，中间间隔6～7天，3～4周后即可取得明显的效果。主要有金龟子绿僵菌、球孢白僵菌。

4．物理防治 该虫对蓝色、黄色和粉红色、白色具有较强的趋性，但对蓝色趋性最强。通过悬挂蓝色粘板，可诱集成虫，减少产卵与为害。蓝板诱捕的多为雌虫，而黄板诱捕的多为雄虫。

利用蓟马借助植物气味寻找寄主的特性，将烟碱乙酸酯和苯甲醛混合在一起制成诱芯在田间使用，能够准确预测花蓟马的发生及为害时期，大量诱杀成虫。将茴香醛与上述两种化合物混合后制成粘板，防治大棚里的西花蓟马效果良好 。

人工隔离。成虫可借助风力进行短距离迁移，通过门窗及通风口进入温室，温室工作人员应做到随时关门，同时给温室加盖防虫网是阻止蓟马进入温室最简单有效的措施，可减少农药使用量，网眼越小，防范效果越好。

5．生态防治　夏季休耕期进行高温闷棚，当大棚温度达到40℃，保持 6 小时以上，雌成虫即全部死亡，其卵在 40℃下存活时间仅 20 分钟。

6．化学防治　化学防治见效快，可以防治西花蓟马的若虫和成虫。但化学防治存在污染环境、容易产生抗药性、防治成本比较大等问题。而且该虫繁殖能力很强，个体细小，具隐匿性，有较强的抗药性等特点，因此，在化学防治时应该注意以下事项：一是选择高效低毒低残留的农药，以防止害虫的抗药性或推迟抗药性的发生时间等；二是科学用药，合理用药；三是根据西花蓟马的分布特点和活动规律等有选择地喷药。

毒死蜱、甲基毒死蜱、马拉硫磷和喹硫磷的效果最好；昆虫生长调节剂灭幼脲、吡丙醚、氟虫脲等能够阻止若虫蜕皮和成虫产卵，但作用速度较慢；植物性杀虫剂如楝素、烟碱、藜芦碱等对蓟马也有一定防效；新型杀虫剂阿维菌素类药剂、多杀菌素对西花蓟马的效果显著。同时，由于西花蓟马的预蛹及蛹期都通常在土壤度过，因此以喷洒药剂往往对它不起作用。为了有效控制西花蓟马的发生，推荐在若虫和成虫期每隔 3～5 天喷药 1 次，重复 2～3 次，可取得良好的防治效果。

可选择的药剂有：20%丁硫克百威乳油 2 000 倍液，1.8%阿维菌素乳油 3 000 倍液，48%乐斯本乳油 1 000 倍液，0.3%印楝素乳油 1 000 倍液，10%吡虫啉可湿性粉剂 2 000 倍液，5%锐劲特（氟虫腈）悬浮剂 1 500 倍液等。

金盾版图书,科学实用,
通俗易懂,物美价廉,欢迎选购

番茄标准化生产技术	12.00	狐标准化生产技术	9.00
辣椒标准化生产技术	12.00	貉标准化生产技术	10.00
韭菜标准化生产技术	9.00	菜田化学除草技术问答	11.00
大蒜标准化生产技术	14.00	蔬菜茬口安排技术问答	10.00
猕猴桃标准化生产技术	12.00	食用菌优质高产栽培技术	
核桃标准化生产技术	12.00	问答	16.00
香蕉标准化生产技术	9.00	草生菌高效栽培技术问答	17.00
甜瓜标准化生产技术	10.00	木生菌高效栽培技术问答	14.00
香菇标准化生产技术	10.00	果树盆栽与盆景制作技术	
金针菇标准化生产技术	7.00	问答	11.00
滑菇标准化生产技术	6.00	蚕病防治基础知识及技术	
平菇标准化生产技术	7.00	问答	9.00
黑木耳标准化生产技术	9.00	猪养殖技术问答	14.00
绞股蓝标准化生产技术	7.00	奶牛养殖技术问答	12.00
天麻标准化生产技术	10.00	秸秆养肉牛配套技术问答	11.00
当归标准化生产技术	10.00	水牛改良与奶用养殖技术	
北五味子标准化生产技术	6.00	问答	13.00
金银花标准化生产技术	10.00	犊牛培育技术问答	10.00
小粒咖啡标准化生产技术	10.00	秸秆养肉羊配套技术问答	12.00
烤烟标准化生产技术	15.00	家兔养殖技术问答	18.00
猪标准化生产技术	9.00	肉鸡养殖技术问答	10.00
奶牛标准化生产技术	10.00	蛋鸡养殖技术问答	12.00
肉羊标准化生产技术	18.00	生态放养柴鸡关键技术问	
獭兔标准化生产技术	13.00	答	12.00
长毛兔标准化生产技术	15.00	蛋鸭养殖技术问答	9.00
肉兔标准化生产技术	11.00	青粗饲料养鹅配套技术问	
蛋鸡标准化生产技术	9.00	答	11.00
肉鸡标准化生产技术	12.00	提高海参增殖效益技术	
肉鸭标准化生产技术	16.00	问答	12.00
肉狗标准化生产技术	16.00	泥鳅养殖技术问答	9.00

以上图书由全国各地新华书店经销。凡向本社邮购图书或音像制品,可通过邮局汇款,在汇单"附言"栏填写所购书目,邮购图书均可享受9折优惠。购书30元(按打折后实款计算)以上的免收邮挂费,购书不足30元的按邮局资费标准收取3元挂号费,邮寄费由我社承担。邮购地址:北京市丰台区晓月中路29号,邮政编码:100072,联系人:金友,电话:(010)83210681、83210682、83219215、83219217(传真)。